にっぽん家電のはじまり

大西 正幸 著

技報堂出版

はじめに

約一二〇年前、市民の「あこがれの家電生活」は、白熱電球からはじまった。その後、扇風機、電熱器、アイロンなどが欧米から輸入され、人々は見たこともない商品に驚いた。

一八八三（明治十六）年に日本初の電力会社（東京電燈（株））が設立され、「電気」が導入された。街に白熱燈が灯され、夜は「寝る時間」から、「家族で団欒する時間」「仕事をしたり読書をする時間」に変わった。

明治末期から大正時代にかけて、わが国においても、電気を応用した電気扇（明治二十七年）、電気熨斗（大正四年）、電気七輪（大正十年）、電気竈（大正十年）など、生活を便利にする商品が数多く開発・販売されるようになった。

大正末期から昭和初期になると、電気冷蔵器、電気洗濯機、電気掃除機といった大物商品も売り出された。

しかし、当時家電製品は相対的に価格が高く、市民が気軽に買えるものではなかった。人々はいつかこのような便利な道具を使える日がくることを願い、日々の暮らしをつつましく生きていた。

この時代、現在でいう大手電機メーカーは芝浦製作所、日立製作所、三菱電機、富士電機製造、川北製作所などで、総合販売企業は白熱燈で業績を伸ばした東京電気(株)のみであった。

一九三九(昭和十四)年、芝浦製作所と東京電気(株)は合併して、東京芝浦電気(株)(現(株)東芝)となる。戦前では唯一の総合電機メーカーであった。

わが国における戦前(一九三七年時点)の家電製品の普及台数を調べてみると、電気冷蔵庫一万二二一五台、電気洗濯機三一九七台、電気掃除機六六一〇台である。ルームクーラーはわずか二六〇台、アイロンが最も多くて三一三万一〇〇〇台である。

無数の家電製品に囲まれた今日の生活から考えると、かつてこのような時代があったことなど考えられないが、歴史的には家電のない時代のほうがうんと長いのである。

戦前はどのような家電製品が売られていたのか、それらはどのように使われていたか、詳しく調べた。当時の広告や技術誌などの商品紹介から、時代背景や大衆の生活が垣間見えてくる。

本書では、家電製品が発明され普及していく黎明期を探った。大正、昭和初期(戦前)の利用実態を中心にまとめ、戦後の流れに簡単に触れる。可能な限り、当時の資料を発掘し、商品ごとに開発の経緯を調べた。家電製品の歴史に関心のある方々の参考になることを期待する。

平成二十八年十月

大西正幸

目次

はじめに …… i

第1章　電化のはじまり …… 1

家庭電化は労力節約となる（石川頼次『芝浦レヴュー』）／家庭電化はエネルギー問題を解決する（木津谷栄三郎『家庭の電化に就て』）／電化住宅に住んだ体験談（関重広『家庭電気読本』）／電気の家と電気ホーム

第2章　白熱電球 …… 8

灯りの進化／わが国の白熱電球開発史／消えゆく白熱電球

第3章　電気扇（せん） …… 23

団扇が元祖／電気扇風機の発明／国産電気扇風機の完成／国内メーカーの参入／電気扇から扇風機へ／戦後の「明るい」扇風機

第4章　電気熨斗（のし）……34
アイロンの元祖「火熨斗」／アイロンとは鉄のこと／はじめに普及した生活家電／家庭電化はアイロンより／新型アイロンの発売／戦後いち早く普及したアイロン

第5章　電気暖房機器……45
こたつとあんか／電気暖房機の発展／電気こたつの登場／電気暖房の流行／逆転の発想

第6章　電気美容・健康機器……55
美容・健康機器の登場／美容機器のいろいろ／健康機器とは／美容機器の普及／普及が遅い健康機器

第7章　電気時計……63
機械時計の登場／電気時計の発明／電気時計の広告／正確な電気時計

第8章　電気竈（かまど）……74
日本人が発明した生活家電／オール電化の家／家庭電気展覧会／製造を一手に受ける内外電熱器／昭和三十年まで普及しなかった

第9章　電気調理機器……86
わが国で製作はじまる／販売をはじめる／小物商品の調達／朝食はおまかせ／懐しの調理機器

第10章　電気掃除機……97
電気掃除機の発明／電気掃除機の輸入／わが国で製作はじまる／戦後シリンダ型・ポット型・タンク型の登場

第11章　電気洗濯機……107
電気洗濯機の発明／輸入洗濯機の時代／わが国初の電気洗濯機／広告と販促に注力／電気洗濯機の特徴と扱い方／戦後の各種電気洗濯機／渦巻式洗濯機の登場

第12章　電気冷蔵器 …… 128

冷たいおいしさ／冷蔵箱の登場／電気冷蔵庫の登場／輸入の時代／わが国初の電気冷蔵庫／広告と販促に注力／電気冷蔵庫とは何か／戦後の電気冷蔵庫／戦後の普及状況

第13章　電気冷房機 …… 150

空調の原理を発見／エアー・コンディショニング／電気冷房機の効能／電気冷房機の普及／冷房技術の応用／戦後のエアコン

おわりに …… 159

参考文献 …… 161

第1章　電化のはじまり

十九世紀末、電気テクノロジーの出現が、社会を大きく変えた。家庭に灯った電気の明かりは、生活の近代化のはじまりとなり、次々と家電製品が輸入されるようになった。

人々は電化生活にあこがれるようになり、わが国でも家電製品の開発がはじまった。大正から昭和初期にかけて発売された家電製品は、電気扇（せん）（扇風機）、電気熨斗（のし）（アイロン）、電気竈（かまど）（電気かま）など電熱調理機器、電気炬燵（こたつ）、電気ストーブなど電気暖房機器、電気冷蔵器（冷蔵庫）、電気洗濯機、電気掃除機などと種類も多く、現代と遜色がない。

ただ、これらの家電製品は値段が高く、市民が手軽に買えるものではなかった。たとえば昭和初期の冷蔵庫は七二〇円で、当時庭付き一戸建ての家が買えるぐらいの値段だった。

本章では、当時の家庭電化の状況をいくつかの文献から掘り起こしてみる。

●家庭電化は労力節約となる（石川頼次『芝浦レヴュー』）

一九二二（大正十二）年十二月、芝浦製作所の石川頼次は、技術誌『芝浦レヴュー』にて、家庭電化の必要性を唱えている。（図1）

石川は、電熱調理機器や電気暖房機器などにより家庭を電化することは、労力の節約となり、燃料問題から考えても経済的なので、家電製品をもっと普及させたいと考えていた。

石川は、大正時代における「家庭電化の必要性」を次の三点に集約した。

図1　芝浦レヴュー（第1巻、第2号）

① 燃料問題

燃料（すなわち消費エネルギー）は、人類が生きていくために欠かすことができない。しかも、年々人口が増加し、それに伴い燃料も増加する。大正元年から八年間に、わが国の年間薪炭林伐採量は二倍に増えた。このまま続けば、数年のうちに供給できなくなる。薪炭以外の石油、石炭も国内需要を満たすだけの産出はない。石炭については、わが国の埋蔵量は八十〜九十億トンと見積もられており、約六十年以内に掘り尽くされてしまう。

幸い、わが国は天然の水が豊富である。水力は、永久の動力源として信頼、利用できる。日本で利用可能な水力の二〇〇万キロワット（全電力の約四分の一）を電熱に利用すると、一年間の五億五〇〇〇万貫（一貫：三・七五キログラム）の木炭に相当する。

②労力節約

家庭の主婦の日常をみると、食事、掃除、洗濯、裁縫、育児、来客対応など雑用に忙殺されている。女中なしでは子供の教育や自身の教養を学ぶ時間がない。家庭の電化は、この労力の低減に有効である。

電気厨房器を備えるだけで、マッチを擦る必要がなくなる。飯焚きの火加減も要らなくなり、湯はひとりでに沸き、鍋や釜の底は汚れないから洗う手間が要らない。

電気七輪や電気湯沸しなどは、炭火をおこすのではなく手軽に清潔に取り扱うことができる。急にお客が来ても、すぐに湯沸しができ、客と話しながら、珈琲を沸かすこともできる。

冬には、電気ストーブがあれば、いちいち火をおこす必要がない。

③衛生的

現在は、まだガスや炭火で暖房する家庭が大部分であり、酸素の減少、炭酸ガスの増加などにより、気分が悪くなったり頭痛がすることがある。

電気ストーブを使うとそんな心配はまったくない。

また、冬場は空気が乾燥しているので炭火の上で湯を沸かして蒸気を発生させている。これも炭酸ガスが発生し空気を汚すことになる。このようなときは、電気湿潤器（加湿器）が有効で衛生的である。

発熱量に対する見かけ上の価格は、石炭が最も安く、薪（まき）、木炭、ガス、電気の順であるが、燃焼効率から比べると、電気がほぼ一〇〇パーセント有効なのに対し、石炭以下は非効率である。

このように、労力、衛生、便利さなど総合的に考えれば、電気がはるかに優れている。

●家庭電化はエネルギー問題を解決する（木津谷栄三郎『家庭の電化に就て』）

一九二四（大正十三）年四月、木津谷栄三郎は著書『家庭の電化に就て』の中で、エネルギー問題に注視し、木炭、ガス、石炭に頼っている時代ではないと訴えた。（図2）

大正時代、電気が最も利用されているものは電灯、電動機、電車、電気扇（せん）および電信、電話などであって、家庭の電化、特に熱としての利用は不十分であった。

図2　家庭の電化に就て（1924）

電気は石炭より高いが、木炭などよりも安い。しかし、石炭はあと五十年もすれば枯渇するといわれており、今後ますます高騰していくと思われる。また、今は安い木材も水利の関係から、切り出すにも限度があり価格も高騰していくと考えられる。石油も外国からの輸入頼みであり、価格が下がるとは思えない。

一方、アメリカでは電気利用が相当進んでおり、電気器具の普及も著しくもっと見習うべきである。

●電化住宅に住んだ体験談（関重広『家庭電気読本』）

一九三四（昭和九）年六月、関重広は著書『家庭電気読本』（新光社）の中で、自身が一九二二（大正十一）年ごろから約十年間、電化住宅に住んできた経験から、その便利さを紹介した。（**図３**）

関重広は、家電製品を四十種類（約六十点）も使用していた。

これだけ多くの家電製品を使っても、毎月の電力料金は、夏三円、春と秋は四円五十銭、冬は十〜十五円であった。電気は高いと思われていたが、そ

図３　家庭電気読本（1934）

れほどでもなかった。

当時の物価を調べてみると、一九三〇（昭和五）年の大卒初任給は五十円。現在に換算すると約五十万円。

関重広が家庭の電化を推進するのは、先の石川、木津谷と同様、次のことが大事であると考えていたからである。

・木材、石油、石炭よりも、水力発電で生み出される電気のほうが、限りなく有望である。
・忙しい主婦の雑用を減らし、子供の教育、自身の教養増進が大切である。
・ガス、炭などに比べ電気は衛生的である。

●電気の家と電気ホーム

一方、「電気の家」や「電気ホーム」といった展示場ができ、人々の家電製品への夢を駆り立てた。二十八歳から三十一歳にかけて欧米各国で学び、最新の電化生活を体験した早稲田大学教授・山本忠興（注1）は、帰国後十年目の一九二二（大正十一）年に、目白にオール電化の「電気の家」を建てた。山本教授の家電製品に対するこだわりは徹底していた。邸内に設置した電気器具は、電気レーンジ、電気オーブン、電気冷蔵庫、電気ストーブ、電気洗濯機、電気トースター、電気掃除機、電気コーヒーメーカー（パーコレータ）、電気フィットマット、電気ミシン、電気アイロン、電気扇風機、電気座布団など。

一九二四年、田園都市（株）が田園調布に「電気ホーム」を建て、電気器具を展示した。電熱器具としては、暖房用の電気ストーブ、電気ふとん、電気火鉢など、調理用の電気竈（かまど）、電気トースター、パーコレータ、すき焼き器など、そのほかに電気アイロン、電気掃除機、電気洗濯機、電気ポンプ、電気扇風機などを多数展示した。これらの機器の調達に、芝浦製作所と東京電気（株）が協力した（後に合併して（株）東芝となる）。「電気ホーム」の案内書には、「長い間使ってきた裸火（ガスや石炭）は不完全燃焼など危険が多い」などの説明の後、「家庭電化の実現！　電気ホーム！　これこそ近代の理想的生活への道程・・・簡便にして、快適になる方法である。・・・本邦における家庭電化の普及を計らんとし、その第一着手として実物見本をつくって提示し、その範を示すために第一回電気ホームを郊外調布の地に公開し、親しくその批判を仰ぐ次第である。」と三十ページにわたり写真入りで解説している。

（注1）山本忠興（1881-1951）：高知県出身。東京大学（電気工学科）、芝浦製作所を経てドイツのカールスルーエ工科大学、GEで学ぶ。請われて早稲田大学理工学部教授となり、二十三年間責務を全うした。大正から昭和にかけて選出された、日本の十大発明家の一人であった。特許料で「電気の家」を建て、当時では大変珍しい冷蔵庫から掃除機、洗濯機など徹底した家庭電化を試みた。わが国の家庭電化の元祖である。

第2章　白熱電球

人類は、自然から火をおこすことを学んだ。枯れ草や木を燃やす松明（たいまつ）にはじまり、油ランプやローソクへと進化した。これらはものを燃やすことにより炎に含まれるカーボン微粒子を白熱状態にして、輻射熱に含まれる可視光を利用する白熱光源である。

●灯りの進化

灯りの歴史は古く、旧石器時代の洞窟から簡単な油ランプが発見されている。古代の遺跡からはローソクの燭台（しょくだい）が発掘された。これら油ランプやローソクは十八世紀過ぎまで大事な光源として使われていた。

わが国では、奈良時代からローソクが手軽な灯りとして使われてきた（**図1**）。江戸時代になると、行灯(あんどん)がよく使われるようになった。そして幕末から明治初期にかけて、海外からランプが輸入された。明治という新しい時代を背景として生まれた「ランプ」という言葉は、いわゆる「文明開化の響き」があった。

図１　ローソク

◇ガス灯の発明

ガスの利用は、一六五九年イギリスのトーマス・シャーレが、沼で発生する天然ガスについて研究・発表したことにはじまる。

一七八五年、ベルギーの物理学者ミンカラーが、実験により「石炭ガスが灯火に適する」ことを発見した。

一八〇六年、イギリスではガス管の埋設がはじまり、一八一二年には一般家庭でガス灯が使われるようになった。

ガス灯の発達史上特筆すべきは、一八五五年のブンゼンバーナーの発明である。ブンゼンバーナーは、石炭ガスが燃焼を起こす前に十分な空気を混入させる装置であり、当時としては最高の機能を発揮した。

一八七二（明治五）年九月、横浜の外国人居留地にわが国初のガス灯が点灯された。続く一八七四年十二月には、東京でもガス灯が使われだした。横浜では、神奈川県庁付近から大江橋、馬車道、本町通りに三十四基建てられ、東京では京橋、金杉橋間に八十五基が建てられた。ガス灯は主要道路から順次商店、住宅へと普及していった。（図2）

ガス灯は、ローソクや油ランプより明るく、点けたり消したりしやすいので急速に普及した。

一八八五年、わが国ではそれまでガス事業の発展に尽力してきた渋沢栄一を社長とした東京瓦斯（株）が創立されて、ガス事業はすべて同社に引き継がれることとなった。

ガス灯は、一九〇一年に、銀座通り両側の二六七戸の商店街に灯されたのがピークで、やがてアーク灯や白熱灯に取って代わられた。ガスは調理の熱源として残った。

図2　ガス灯

◇アーク灯の発明

一八〇八年、イギリス王立科学研究所のハンフリー・デービーがアーク灯を発明し、実験を公開した。これが最初の電灯である。

アーク灯の原理は次のとおりである。二本の電極の先端を尖らせた炭素棒（カーボン）を向かい合わせ、最初に接触させてから少しだけ離すと、空気中を電流が流れ、突然明るく放電（アーク）する。電極の先端は約四〇〇〇度に加熱され、青白く輝きはじめる。（図3）

このアークの輝きは、炭素棒が高温に加熱され発する白熱光であるが、温度が高いので紫外線が多く含まれている。アーク灯には膨大な電流が必要で、当時二〇〇〇個のボルタ電池を直列につないだという。アーク灯は周囲を明るくし、電光が弧状に見えたことからわが国では「弧光灯」と呼ばれていた。

図３　アーク灯

アーク灯は、一八七〇年代に入り、やっと実用化されるが、光が明るすぎ、光量が調節できないという欠点があった。街頭で使えても、家庭内では使えない。またアーク灯は、炭素棒が消耗するので点灯時間が短い。そのため歯車の組み合わせで炭素棒間の距離を保つ装置も考案されている。

一八七八（明治十一）年三月二十五日、工部大学校（現 東京大学）において開催された東京電信中央局の開局式で、英人教授エアトンの指導のもと、当時の学生らがわが国ではじめてフランス製デュボクス・アーク灯を点火した。このときは、グローブ電池五十個を電源として、点灯時間は約十五分間と短いものであった。後の一九二八（昭和三）年に三月二十五日は「電気記念日」と決められ、以来毎年この日に記念行事が催されている。

一八八二（明治十五）年、東京電灯会社が銀座の大倉組の建物（大倉本館）の前で二〇〇〇燭光（ローソク二〇〇〇本分の光度）のアメリカ製ブラッシュ・アーク灯のデモンストレーションが行われ、東京市民を驚かせた。このときは、ブラッシュ商会の輸入発電機が用いられた。このブラッシュ・アーク灯は、翌年には京都祇園に、またその翌年には大阪道頓堀に点灯された。

一九五六（昭和三十一）年、照明学会は四十周年記念事業の一つとして、アーク灯をしのぶため、銀座通り連合会、関東電気協会、東京電力の協力の下に、昔アーク灯の建てられたあたりに十メートルの鉄柱を立て、当時のアーク灯を思わせる形状の灯器の高圧水銀灯を点灯した。

このように明治に入り、石油ランプ、ガス灯、そして電気応用のアーク灯が採用されたため、各地で三つ巴の時代に突入した。

◇白熱電球の発明

電気が発見され、光、熱、動力に応用できることがわかった。電灯の実用化が進み、夜も活動できるようになった。最初の電灯はアーク灯であったが、明るすぎる光量を調節できないため、街灯にしか使えなかった。

一方、アーク灯の発明者ハンフリー・デービーは一八〇二年に「金属の細い線（フィラメント）に大きな電流を流すと白熱して光を出す」ことを発見していた。

一八二〇年、イギリスのド・ラ・ルーが白金線コイルをガラス管に入れ空気を抜いて通電する世界初の白熱電球を作った。しかし、空気を抜く技術が不十分だったので寿命が短く、白金が高価なこともありほとんど実用にならなかった。（図4）

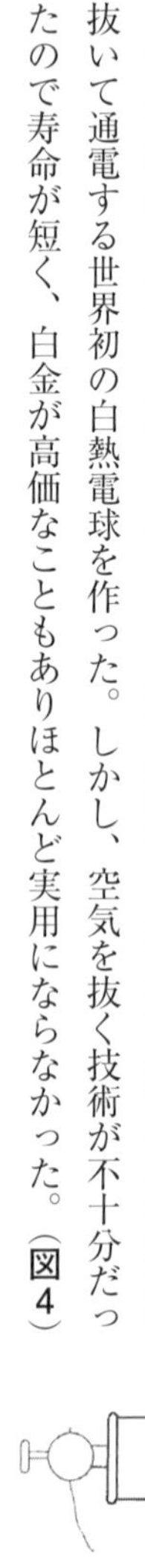

図4　ルーによる最初の白熱電球

一八五五年、イギリスの化学者スワン（注１）が炭素片電球を開発した（**図５**）。このときガラス管内の真空度を上げるため、真空ポンプを動かしながら電流値を上げていく「点灯排気法」などによりフィラメントを製造した。この時代、そのほかに多くの研究者による発明が続いた。

一八七八年、スワンは真空白熱電球を発明した。続いて一八七九年、ニトロセルローズ（硝化綿）を使ったカーボンフィラメントの発明により、実用的な真空炭素（カーボン）電球を発明した。

この情報を伝え聞いたエジソン（注２）は、白金線コイルを発熱体とした類似の電球を作った（**図６・７**）。一八八〇（明治十三）年、エジソンはフィラメントに「扇の竹」を使い、それまで十時間程度であった寿命を一二〇〇時間にも延ばした。この竹は、京都の八幡男山の竹であった。一八八〇～一八九四年まで、エジソン電灯会社は原料の竹を京都から輸入した。

その後、発光体として合成繊維フィラメント、さらに高融点低蒸気圧のタングステンが注目され、一九〇二年ユストとハナ

図５　スワン

図６　エジソン

マンが押し出しタングステンを発明、一九〇六年クーリッジがダイスによる引線タングステン製法を開発、一九一〇年工業化に成功した。一九〇九年、ラングミュアーがコイルの発明と、不活性ガス封入電球を開発し、真空電球はなくなった（図8・9）。さらに封入ガスは窒素からアルゴンに変わり光束効率がよくなった。

一般に、電球の発明家といえばエジソンと思われている。しかし、十九世紀に電球の発明に寄与した人物は二十五人もいて、エジソンはその末席であった。

エジソンは、研究所での成果をすぐに特許申請し、海外に向けて大きく新聞で発表するなど、発明家としての才能以上に、事業家として宣伝が上手だった。事実は、スワンが「電球の発明者」であり、エジソンは「電球の実用化に成功した人（事業家）」である。

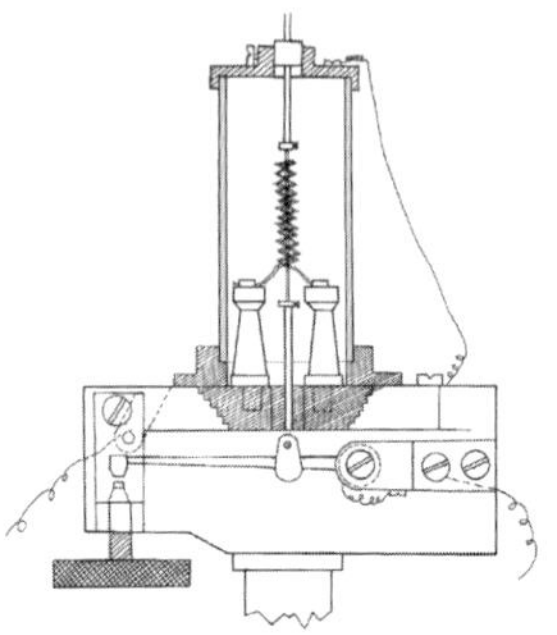

図7　エジソンの白熱ランプ

図8　初期の白熱電球

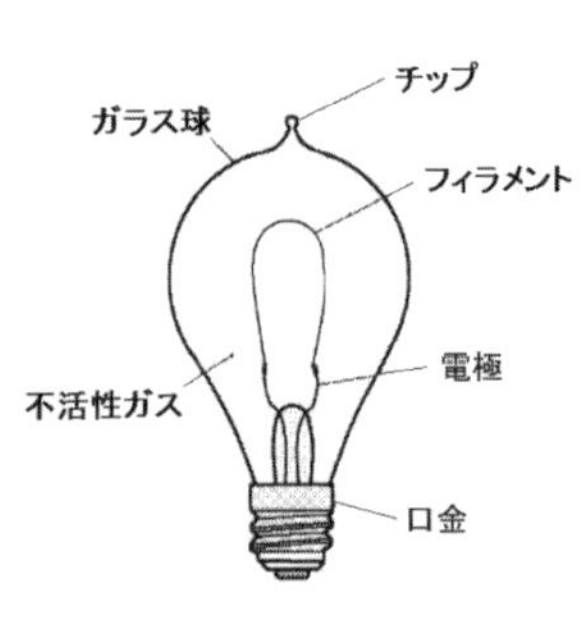

図9　白熱電球の構造

●わが国の白熱電球開発史

わが国では一八八三（明治十六）年、はやくも東京電燈会社（現 東京電力）が設立された。翌一八八四年の上野－高崎間の鉄道開通に際し、上野駅に天皇、皇后両陛下をお迎えしたとき、白熱電球二十四個が点灯された。これがわが国における白熱電球実用化のはじまりである。しかし、当時はまだ外国から白熱電球を輸入していた。

一八八七年、東京電燈会社ははじめて業務用の照明として、鹿鳴館に白熱電灯（輸入品）を点けた。

東京電燈会社は、当初白熱電球をアメリカやドイツから輸入していたが、国内で製造すべきと考えて一八八六年、帝国大学（後の東京大学）の助教授藤岡市助

表１　戦前の白熱電球などの開発の歴史

年	企業名	開発の概要
1886(明19)	東京電燈社	国産初白熱電球の開発に取り掛かる
1890(明23)	白熱舎	藤岡市助が三吉正一とともに「白熱舎（現・東芝）」を創立　白熱電球の製造
1896(明29)	東京白熱電燈球製造(株)	藤岡市助を中心に炭素電球の量産開始
1911(明44)	東京電気(株)	引線タングステン電球を生産
1914(大3)	東京電気(株)	ガス入り（窒素ガス）電球を生産
1921(大10)	東京電気(株)	三浦順一が、二重コイルのタングステンコイルを発明
1925(大14)	東京電気(株)	無先端（チップレス）電球発売
	東京電気(株)	不破橘三が、内面つや消し電球を発明
1936(昭11)	東京電気(株)	内面つや消し電球を発売
1941(昭16)	東芝	わが国初の蛍光灯を発売

参考資料：『家庭電気機器変遷史』(社)家庭電気文化会

（注3）を技師長に招聘した。藤岡は、イギリスでガラス加工技術を習得、電球製造に必要な製造機械を購入し電球の試作をはじめた。（図10）

藤岡市助は電球の試作を重ねるなかで、電球の製造は東京電燈会社の付属事業とせず、独立した経営にしないと発展しないと考えた。そこで東京電燈社長矢島作郎に掛け合い、一八九〇年四月一日、三吉正一の協力を得て白熱電球の製造、販売を目的とした「白熱舎」を設立した。

図10　藤岡市助

三宅順祐らと研究を進め、一八九〇年八月には竹のフィラメントによる白熱電球十二個の製造に成功した。これが日本初の白熱電球であり、翌一八九一年の生産量は、月産二五〇〇〜三〇〇〇個程度であった。

◇白熱電球の発展

一八九〇（明治二十三）年、藤岡市助らが設立した白熱舎は、白熱電球の製造に成功したものの、本格生産には部材を外国に頼らざるを得ず、価格面では外国製に太刀打ちできなかった。

一八九九年、白熱舎は東京電気（株）と改称し、日本で製造不能とされていた炭素線用綿のフィラメント製造に成功した。しかし、電球バルブの鉛ガラスはヨーロッパから輸入を続けていた。

一九〇二年、鉛ガラスの試作をはじめ多くの失敗を繰り返すなかで、やっと改良成果が出て製造方

法を確立した。（図11・12）

　当時、アメリカ、イギリスをはじめドイツ、フランスでも白熱電球の製造技術が発展しており、日本にも輸入され、その価格の安さで圧倒した。東京電気（株）は、口金も自製化し性能では外国製並になったが、価格では太刀打ちできず、経営は資金調達もできないほど困難を極めた。

　そこで、当時友好関係にあったアメリカのＧＥ社（General Electric）に融資を仰ぐこととなり、一九〇五年、資本参加と特許権の使用および技術指導の提携が成立した。一九一三（大正二）年、ＧＥがガラス内の窒素ガス封入により寿命を延ばすことに成功した。一九一四年、東京電気（株）はすぐにＧＥ社の技術を導入し窒素（封入）電球を発売した。

　白熱電球は、タングステン・フィラメントとガス入り電球の発明により極めて大きな発展を遂げた。一九二一年、三浦順一が実際的な研究を続けていたとき、二重コ

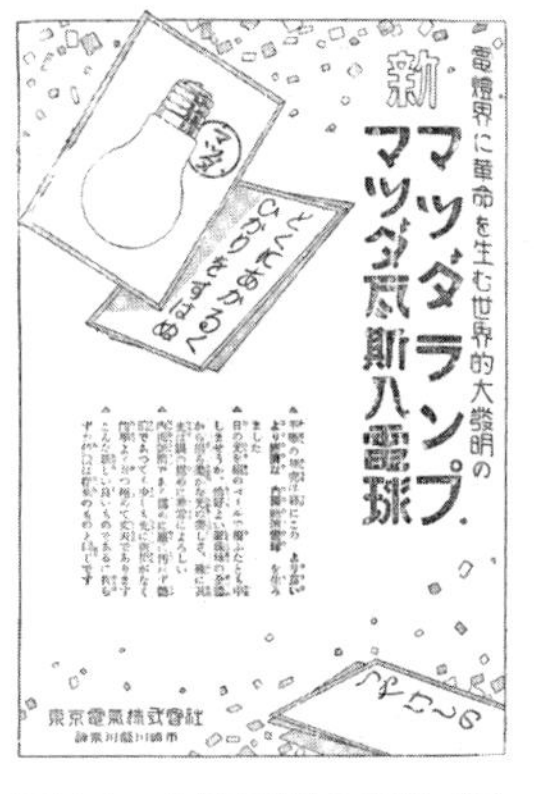

図11　白熱電球の広告（1）

図12　白熱電球の広告（2）

イルフィラメントを考えついた。

この二重コイルフィラメントの発明により、単コイルフィラメントよりさらに効率のよい（点光源として十分な効果が得られる）白熱電球ができ上がった。しかし、大量に生産するにはいろいろな困難があり、一般照明用電球に採用されたのは一九三六（昭和十一）年のことである。（**図13・14**）

それまでのクリアー（透明）ガラスの電球は、厄介なグレア（glare）（眩輝（まぶしさ））が伴い、これをなくするために乳白色ガラスを使ったり、エナメル塗装をしたりしたが、光出力を減らしてしまうなど弊害のほうが大きく、実用化できなかった。一九二五（大正十四）年、不破橘三がさまざまなガラスを物理的、科学的両面から研究し、ついにつや消しバルブを完成した。

◇蛍光灯

一九〇四年、フランスの化学者クロードがネオン管を

図14　二重コイル電球の広告

図13　三浦順一

試作し、一九一〇年に試作品を公開した。ネオン管は高電圧の放電管であり、当初は広告用などに限られていた。アメリカGE社では、低電圧の放電管の研究が進み、一九二七年に熱陰極放電ランプを完成させ、一九三一年に特許を取得した。

一九三五年、GE社のインマンらがアメリカ照明学会で公開展示し、一九三八年に万国博覧会で大々的に公開するまでとなり、家庭用照明に向けて開発が進んだ。

わが国では、一九三八（昭和十三）年に東京電気（株）社長の山口喜三郎がこの博覧会で蛍光ランプを見て感銘を受け、GE社より技術導入を決めた。一九三九年、さっそく藤田文太郎以下三名をGE社に派遣し、技術を習得させて一九四〇年には蛍光ランプの生産に成功した。この年、法隆寺金堂の壁画模写のために二十ワット昼光色蛍光灯一三六灯を実用に供した。

一九四一年には、わが国初の蛍光放電灯「マツダ蛍光ランプ」を発売した。昼光色の十五ワット、二十ワットランプで、管径三十八ミリ、全長は四三五ミリと五八〇ミリとした。一般に普及する前に太平洋戦争に突入し、一九四五年四月の大空襲で設備はすべて消失した。しかし、翌年には設備を復旧させ、各種蛍光ランプの生産に入った。

●消えゆく白熱電球

白熱電球は、一九三〇（昭和五）年ころに基本の技術がほぼ確立し、その後、企業は大量生産による製造原価の低減と品質向上に注力するようになった。東京電気（株）は、戦前からGE社の生産効率のよいユニットマシンを購入し、より高速生産できる装置を作り上げていった。その後、アメリカのコーニング社が流出ガラスを連続的にひも状（リボン）に成形する画期的なリボンマシンを開発した。戦後、（株）東芝では電球の量産技術に磨きをかけ、一九五六年には月産四九〇万個にも達した。

その後、一九五九年、アメリカで白熱電球の一種であるハロゲン電球が開発された。ハロゲン電球は、石英ガラスのガラス球にハロゲンガスを封入したものである。一九六〇年代に日本にも投光照明用「沃素電球」の名で輸入された。用途は、主に投光照明用であったが、やがて自動車用、工学機器用、複写機用などに用途が拡大した。（図15）

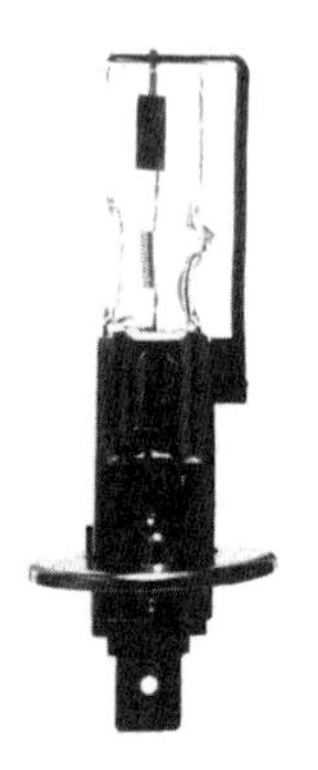

図15　ハロゲンヘッドランプ

ハロゲン電球の特徴は、白熱電球に比べ容積が三十分の一とコンパクトである。さらに、寿命が長い（二～四倍）、寿命末期まで明るさが落ちない、発光効率が十～四十パーセントアップする、光色が白い（色温度が高い）などがある。

ハロゲン電球は、きらめき感、集光性、高演色性などの優れた照明演出により、一般家庭にも広く普及していくと期待されている。

一九五五年、ＲＣＡのブラウンシュタインによるダイオードからの赤外線放射の報告が、ＬＥＤの実用化へのはじまりとされている。ＬＥＤとは、Light Emitting Diode（発光ダイオード）の略語である。

一九六二年にGEのニック・ホロニアックにより赤色LEDが発明され、その後、一九七〇年代までに黄色のLEDが発明された。一九九三年、わが国の名古屋大学の赤崎勇と、日亜化学の中村修二により青色LEDが発明された。これにより光の三原色がそろって照明用に利用できるようになった。

四・三ワットのLEDランプは、白熱灯四十ワットと同等の明るさを実現した。九・三倍の効率アップである。さらにLEDランプの寿命は、白熱電球に比べ四十倍、蛍光ランプの七倍である。まだ開発途上であるから、さらなる効率向上も期待できそうだ。（図16）

わが国初の白熱電球を開発した（株）東芝は、二〇一〇年に白熱電球の生産を中止し、LEDランプに注力することを宣言した。

図16　LED電球

（注1）ジョセフ・スワン（Joseph Wilson Swan, 1828-1914）：イギリス生まれ。一八四八年ころ、すでに白熱電球の実験に取り組んでいた。一八六〇年までに、炭素フィラメントで発光させることに成功。イギリスにて、白熱電球の特許を取得した。一八七八年十二月、四十時間の寿命を達成。この成果をイギリスで公開し、科学誌『サイエンティフィック・アメリカン』にも発表。

（注2）トーマス・A・エジソン（Thomas Alva Edison, 1847-1931）：アメリカ生まれ。発明家で起業家。エジソンは、スワンの白熱電球の公開実験の記事を見て興味を持ち、実験をはじめた。性能のよい真空装置と京都の竹に出会い、白熱電球の長時間寿命を確保する。電球を発明した人として有名だが、実際は電球を改良して「電灯の事業化に成功した人」が正しい。生涯において一三〇〇もの発明を行い、数多くの特許権を取得した発明王。ゼネラル・エレクトリック（GE）社を設立した。

（注3）藤岡市助（1857-1918）：山口県出身。一八八一（明治十四）年工部大学校（現 東京大学工学部）を首席で卒業、同校助手に就任。一八八二年、銀座大倉本館前でアーク灯を点灯。フィラデルフィア万国電気博覧会を視察。一八八六年、矢島作郎らと東京電燈（現 東京電力）を設立、帝国大学助教授を辞して技師長に就任。一八九〇年、三吉正一と電球製造の白熱舎を創設、わが国初の白熱電球十二個を製作。

第3章　電気扇(せん)

扇風機は、歴史が古く、わが国で最初に普及した家電製品である。

その昔、電気のないころは「団扇(うちわ)」や「扇子(せんす)」で涼を取った。扇子は一種の工芸品であり値段も高く、一般庶民はうちわを使った。うちわは、涼を取るだけでなく、日々の火起しにも使う大切な道具であった。

「扇風機」は「扇」という字が示すように、これらの道具の電化といえる。

●団扇が元祖

うちわを扇風機の元祖と考えると、時代を特定できないほど昔から使われている道具ということになる。わが国では、神功皇后と武内宿弥(たけしうちのすくね)が扇を発明したという説がある。平安朝時代にはひのきの板扇（いたおうぎ）が作られ、そして紙扇が作られるようになった。

一四二九（永享七）年、大内氏が明の宣宗に朱色の扇子を百把贈った。後の一五八〇（天正八）年にオランダ商船が通商でそれを入手した。それがドイツに渡り、名扇が生まれるきっかけとなった。

一八三二（天保三）年、柳亭種彦作の戯作「偽紫田舎源氏（にせむらさきいなかげんじ）」に「団扇車」という絵が描かれている。現在の扇風機によく似た着想である。

一八八五（明治十八）年七月、渡辺代次郎が「納涼団扇車（のうりょううちわぐるま）」の特許を出願し同年八月二十六日に登録された（**図１**）。長時間うちわを扇ぎ続けられるように工夫した手動式扇風機である。

●電気扇風機の発明

一八八二年、ニューヨークのクロッカー・アンド・カーチス発動機会社の主任技師シュイラー・スカーツ・ウィーラーが電気扇風機を発明し、特許を取得した。しかし、これはＤＣ（直流）モータで大きくかさばった。家庭やオフィスで使える、小型で信頼性の高い扇風機が求められた。

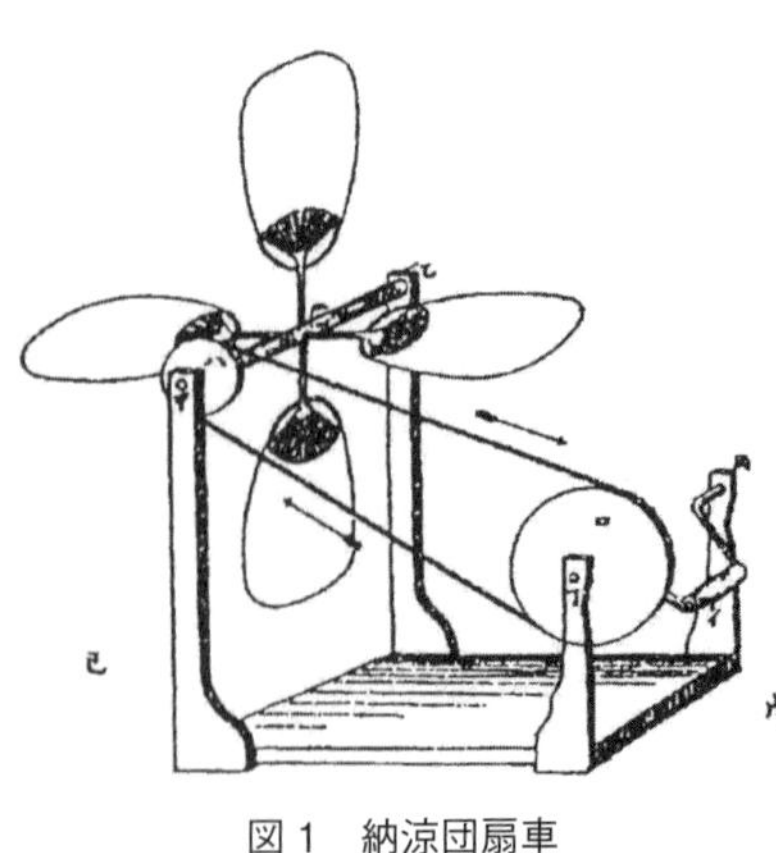

図１　納涼団扇車

一八八八（明治二十一）年、クロアチア生まれの技術者ニコラ・テスラ（注1）が、量産可能な位相制御のモータ（交流無整流子）でアメリカ特許を取得した。テスラは、このAC（交流）モータに三枚羽根を取り付けて扇風機の試作品を作った。（図２）

テスラは、小型モータの特許をアメリカのウエスティングハウス（WH）社に売った。一八八九年、WH社は三枚羽根の扇風機を販売した。一八九一年、WH社はさらにスピード調整器を取り付けた扇風機の販売をはじめた。一八九一年にはエマーソンが、一八九三年にはGEが電気扇風機に参入、一九〇〇年初頭にはドイツのAEGとジーメンスも参入した。

一八九三（明治二十六）年、WH社製の電気扇風機（六枚羽根）が日本に輸入された。（図３）

●国産電気扇風機の完成

そして一八九四（明治二十七）年、芝浦製作所はわが国初の電気扇風機を完成させた（図４）。直流エジソン型電動機に六枚羽根を取り付けたタイプで、スイッチを入れると羽根が回転す

図２　ニコラ・テスラ

図３　ウエスティングハウス電気扇

ると同時に、頭部の白熱電球が灯る構造であった。白熱灯は、直流モータの回転数を安定させるため、回路に抵抗として取り付けたのである。

その後、芝浦製作所はGE社と技術提携し、一九一五（大正四）年に交流モータ（単相誘導電動機）を使い、技術的にも優れた扇風機を大量に生産しはじめた。一九一六年、ブランド名を「芝浦電気扇」として販売した。当時の色は、輸入品と同じ黒一色であった。（**図5**）

一九四一（昭和十六）年、戦争勃発で製造中止命令が出た。

●国内メーカーの参入

当初扇風機は、WH、GE、AEGなど輸入品が市場を占めていたが、需要が増えるにつれ日本のメーカーも増えてきた。一九一三（大正二）年、川北製作所（現パナソニック）が卓上型の電気扇風機で市場に参入した。一九一六年に日立が、一九二一年に三菱造船（現三菱電機）

図４　国産第１号扇風機

図５　芝浦電気扇

が参入した。一九二三年には、古河電工とジーメンスが技術提携し、富士電機を設立、電気扇風機の市場に参入した。扇風機は、家庭用とは別に鉄道、船舶などで使用される業務用もある。これらは、ほとんどが直流式であった。

この時代の電気扇風機を紹介しよう。

一九二二（大正十一）年、芝浦製作所が技術ＰＲ誌『芝浦レヴュー』を創刊した。**図6**と**図7**は『芝浦レヴュー』第二号に掲載した広告である。**図6**は一般タイプ（十六インチと十二インチ）で、**図7**は小型タイプ（九インチと六インチ）。「暑苦しい電話室や、通風の悪いエレベーター内、書斎のデスクの上、さては、また写真の現像、湯上りのお化粧などに最も好適」とあるように、主に業務的な使い方を説明している。関東大震災が発生する数ヶ月前の広告である。

図8は、関東大震災で被災した工場が復旧してはじめての広告（一九二五年）と思われる。子供が指などを入

図６　一般芝浦電気扇の広告

図７　小型芝浦電気扇の広告

図８　網目ガード付き電気扇

れて怪我をしないように、目の粗いガードの上から細かい網目状のガードで覆っている。この年の『芝浦レヴユー』（第三号）に石川頼次「電気扇の選択」という記事があり、電気扇風機の備えるべき条件は次の十六項目である、と紹介している。

①能率よきこと、②構造簡単なること、③取扱説明書容易なること、④堅牢にして耐久力大なること、⑤修理容易なること、⑥絶縁完全なること、⑦保安上危険なきこと、⑧首振り装置完全なること、⑨速度加減容易なること、⑩機動力大なること、⑪音響静かなること、⑫上昇温度低きこと、⑬体裁よきこと、⑭重量軽きこと、⑮運搬および輸送に便なること、⑯価格低廉なること、とありそのまま現在に通ずる内容である。

表1　電気扇の分類

形式による区分	羽根径寸法		備　考
(1) 卓上電気扇	並型（首振なし）	6吋、9吋	
	首振型	12吋、16吋	壁面取付け可能
(2) 天井用電気扇	32吋、52吋		洋式建物、事務所など
(3) 換気用電気扇	12吋、16吋		劇場、学校、工場など

図9　卓上用首振型電気扇

図10　天井用電気扇

図11　換気扇

また、電気扇は表1のように分類した。

この論文で紹介している電気扇は、卓上用並型電気扇、卓上用首振型電気扇（図9）、天井用電気扇（図10）、換気扇（図11）である。

図12は、十二インチ首振り型電気扇を壁に取り付けた珍しい広告だ（一九二五年）。図13は、卓上用と天井用電気扇の広告である（一九二六年）。四季のはっきりした日本では夏物商品、冬物商品を「○○年度型」と毎年新製品を発表しているが、このころからはじまったと思われる。

●電気扇から扇風機へ

一九二七（昭和二）年、東京電気（株）発行の『マツダ新報』に当時の家電製品を紹介する記事があり、最初に電気扇風機が取り上げられている。「電気扇から吹く気持ちのよい風は、神のような力がある。特に真夏の夕など、一日の仕事を終えて、家に帰り電気扇に向

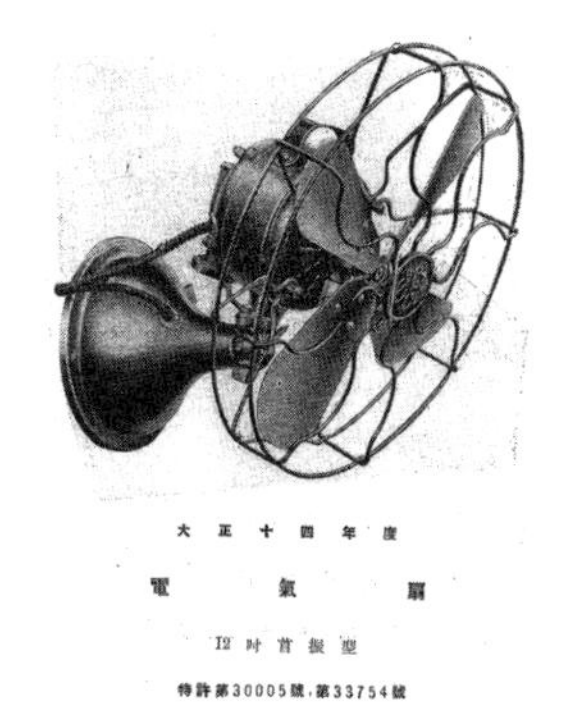

図12　壁取り付け型電気扇

図13　卓上用と天井用の広告

図 14　芝浦電気扇のポスター

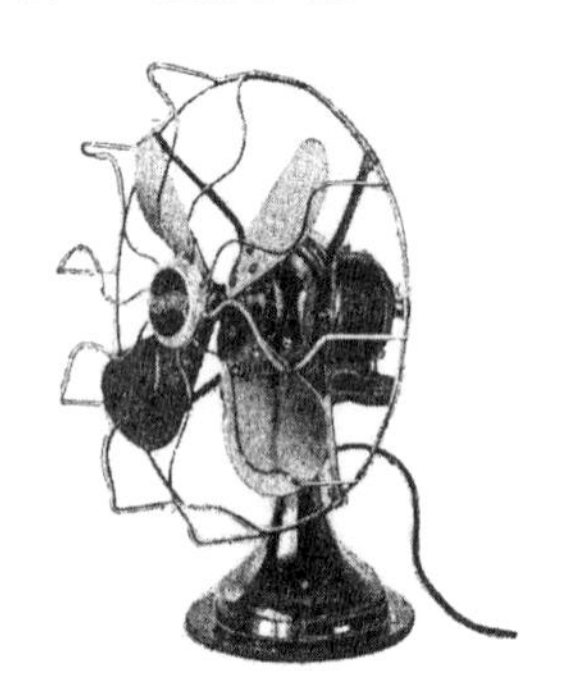

図 15　ウエスティングハウス
卓上電気扇

図 16　芝浦電気扇

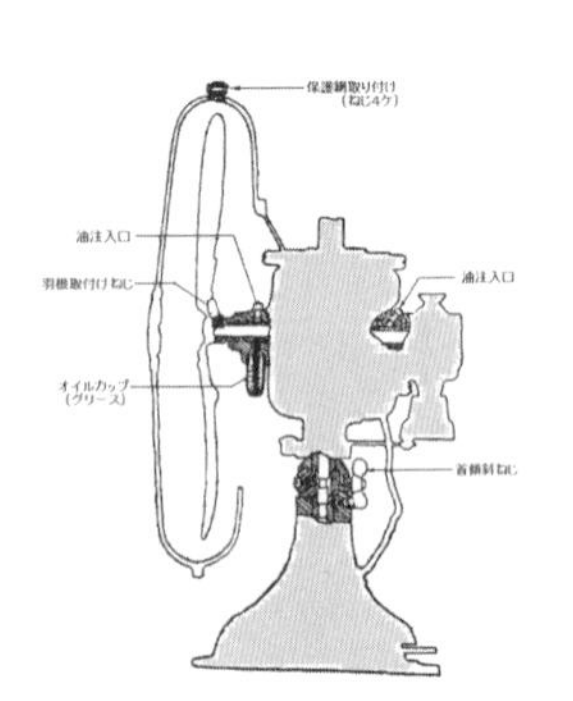

図 17　電気扇の構造

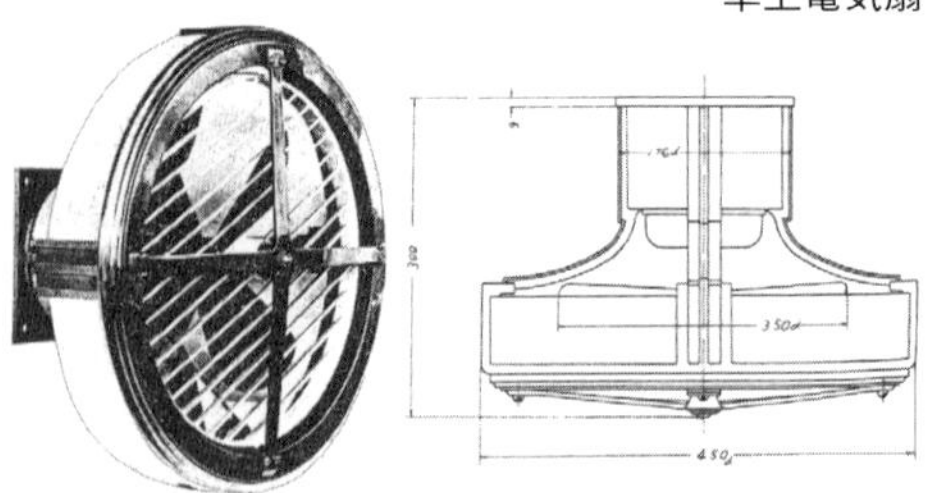

図 18　食堂車用扇風機

かうとき、昼の疲れはすっかりとれて気持がいい。」現代ならエアコンの宣伝文である。

このころになると電気扇風機は、電燈と同じように少なくとも一軒に一台は普及しつつあった。**図14**は、一九二八年の芝浦電気扇のポスターである。当時、先進的なスポーツであったテニスをした後で、扇風機で涼をとるのは快感であるとＰＲしている。

図15は、一九二七年のＷＨ製の電気扇風機である。目の粗いガードで、独自の形状をしている。

図16は、一九二八年ころの芝浦扇風機である。

昭和初期には、日立、三菱、川北など多くの家電メーカーが電気扇風機の市場に参入していた。

さらに一九三〇年に、高級新型三十センチ（十二インチ）電気扇が発売された。特徴は、内部の設計を新しくしたことにより、回転速度を遅くして、風を切る音を小さく、しかも風量を多くしたことだ。また、これまで黒一色であった扇風機を、はじめて灰緑色仕上げの優美なデザインとした。

図17は、一九三四年ころ、関重広が自著に描いた扇風機の構造説明図である。

図18は、一九三三年『芝浦レヴユー』六月号に掲載された、列車の食堂車用扇風機である。これは鉄道省の注文により芝浦製作所が新製したもので、外装は砲金製、全体が上品なブロンズ仕上げで、高級感があふれていたという。大きな特徴は、首振り機構はなくて毎分十回転する「空気拡散板」があり、満遍なく四方に風を送ることができる。羽直径は三十五センチ（約十四インチ）、入力五十ワット。

一九三六年『芝浦レヴユー』四月号に、**図19**のような広告が出ている。このとき、卓上用二十センチ（八インチ）流線型の卓上電気扇が発売された。これまでの細い羽根と異なり、面積の大きい四枚羽根で音が静かになった。

電気扇風機は、一八九四（明治二十七）年の国産第一号発売以来、一般に「電気扇」と呼ばれていた。多くの広告にも「電気扇」と書かれている。その後「扇風機」、「旋風機」、「煽風機」などいろいろな呼称が出てきたが、一九三五（昭和十）年ころ「扇風機」に統一された。

昭和に入り、扇風機は普及し、一九三七年の調査では、全国の普及台数は五十五万七一〇六台となった。しかし一九四一年、戦局の悪化により、政府から民需の家電製品は製造中止命令が出された。

●戦後の「明るい」扇風機

一九四六（昭和二十一）年、進駐軍向けの生

表２　戦後の電気扇風機の生産台数の推移

年	台　数
1946(昭21)	66 282
1947(昭22)	74 329
1948(昭23)	77 159
1949(昭24)	95 703
1950(昭25)	118 804
1951(昭26)	173 903
1952(昭27)	290 879
1953(昭28)	434 585
1954(昭29)	561 792
1955(昭30)	515 305

出典：日本電機工業会

図 19　芝浦電気扇の広告

産がはじまり、一九四七年から一般向けの生産を開始した。戦前黒一色であった扇風機は、進駐軍からグリーンなど明るい色調を希望され、順次カラフルになっていった。一九四八年になると、扇風機への参入メーカーも十二社に増え、デザインとアイデア競争時代に突入していく。（表２）

（注１）ニコラ・テスラ（1856-1943）：クロアチア共和国生まれ。高等工芸学校中退後、一八八二年二月最初の実用的な交流モータを完成させる。一八八四年から数年間エジソンの研究所で働いたが、直流にこだわるエジソンと合わず独立。交流電力システム、ラジオ、無線操縦、放電照明などを発明。その才能はエジソンに勝るとも劣らないといわれている。

第4章　電気熨斗（のし）

地球上に人類が現れ、衣類を身にまといはじめた。衣類は、当初は葛や藤でできた太くて硬い繊維であったが、江戸時代にはやわらかい木綿の着物が庶民の間にも広まった。文明の進化とともに、社会生活における衣装や化粧などの身なりに気を使うようになった。

●アイロンの元祖「火熨斗」

衣類をきれいに洗ったあと、火熨斗（ひのし）でしわを伸ばし、きちんとたたんでおく習慣が一般にも広がった。（図1）

火熨斗は、銅の丸い容器や砲弾型の容器に炭火を入れ、しばらく置いて加熱してから使う。火熨斗は、平安時代から使われており、布に光沢を出すための道具であったようだ。江戸時代には、火熨斗に加えて鏝（こて）がしわ伸ばしに使われていた。鏝は、炭火や熱灰の中に入れて加熱し、衣服の細かい部分の仕上げや直しに使った。

この時代、アイロンがけは、火熨斗の中の炭がはじけて火の子が布を焦がしたり、灰を落としたりする心配があった。また、火加減ができないので、気の抜けない作業だった。

●アイロンとは鉄のこと

アイロンは英語で「iron」すなわち鉄のことだ。衣類のしわを伸ばすには、鉄の重さと熱容量が必要であった。アイロンの歴史は古く、起源は紀元前二〇〇〇年以前といわれている。

電気アイロンは、電熱線に電流を流すことにより発生する熱を利用する。一八八二年、アメリカのニューヨーク州に住むヘンリー・W・シーリーが、世界ではじめて電気アイロンの特許を取得した。（図2）

このとき、まだ家庭には電気が供給されておらず、このアイロンにはプラグもなかった。分岐したコード線をピンの孔に差し込み、ねじで止めている。翌年、彼はなんとコードレスアイロンも発明した。

アメリカでは、一九一〇年ころから電気アイロンが本格的に販売さ

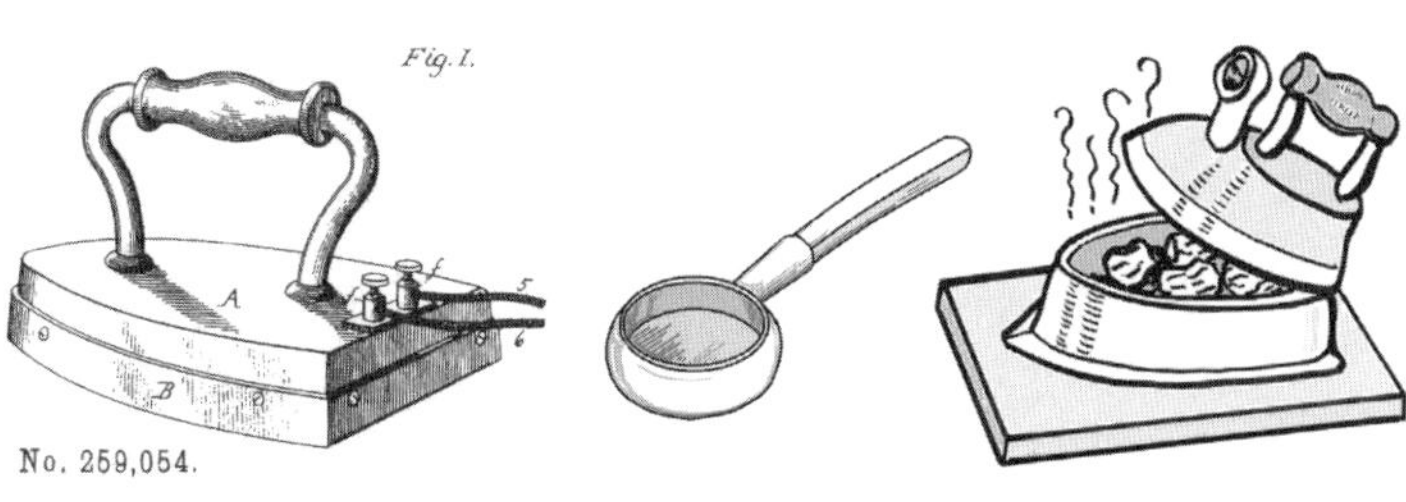

図２　電気アイロン

図１　火熨斗

れ、一九一四（大正三）年、日本に輸入された。

当時のアイロンは、温度を調節するサーモスタットがなく、指先をぬらしてアイロンの底面に触れて温度を判断していた。うっかり衣類を焦げ付かせることがあるため、布地の上に別の布をあてる「あて布」をしてアイロンをかけていた。

●はじめに普及した生活家電

一九一五（大正四）年、芝浦製作所（現（株）東芝）がわが国初の電気アイロン（当時は「電気熨斗」と呼ばれていた）を発売した。（図3）

アイロンの容量は、輸入品と同様に重さ（ポンド）で表していた（一ポンドは約四五四グラム）。小さいのは三ポンド（二五〇ワット）で約八円、四ポンド（三〇〇ワット）は約十円であった。十ポンド（八〇〇ワット）までいくつかの種類が用意された。発熱体は、マイカ板（雲母板）にニクロム線を巻いていた。

小学校の先生の初任給が五十円の時代なので、いまなら四〜五万円とすこし高価だ。しかし、アイロンは実用的で、ほかの家電製品に比べれば安価なので、当時もっとも普及率の高い家電製品であった。

図3　芝浦電気熨斗
（東芝未来科学館所蔵）

当時、三ポンドの電気熨斗は、通電してから十分ぐらいで適当な温度となる。火熨斗のように、炭火を入れる手間も、灰の飛び散る心配もなく、電気料金も一時間一銭二厘あまりと安かった（図４）

電気熨斗や電気裁縫鏝の外観は、これまでの火熨斗や鏝と変わらないが、内部に電熱ヒーターが組み込んであり、通電している間は常に適当な温度を保つ。使用中に温度が下がらないから、洗濯物のシワ伸ばしに便利である。

一九二四年、復興局建築部が発行した『家庭の電燈、電熱及電力』には、電気アイロン（三ポンド、約十円）、電気裁縫鏝（五十～一〇〇ワット、約七円）が記載されていた。一九二三年の関東大震災の復興を早めるために必要な家電製品として、電気アイロンや電気裁縫鏝を紹介した。（図５・６）

一九二六年には、東京電気（株）が家庭電気展覧会に電気竈（かまど）、電気七輪、万能七輪などとともに、電気アイ

図５　電気アイロン

図４　芝浦電気熨斗

図６　電気裁縫鏝

ロンを出品した。「二五〇ワットのアイロンが八円五十銭、一時間の電気代は一銭五厘です。」とPRしている。このころアメリカではすでに電気アイロンは普及していた。フィラデルフィア市のアイロンの普及状況は、下流住宅は八十七パーセント、中流住宅は九十三パーセント、上流住宅は一一一パーセントで、一軒に一台以上保有していた。(『マツダ新報』第十四巻、第一号、一九二七年六月)

●家庭電化はアイロンより

一九二七(昭和二)年十月発行の家庭電気普及会編『実用電気便覧』には、「家庭電化はアイロンより」といわれるほど一般的なものとなり、多くの家庭に行きわたっていた。三ポンドは二五〇ワット(約五円)、四ポンドは三〇〇ワット(約六円)、以下十ポンド八〇〇ワット(約二十円)まで六段階が売られていた。(**図7**)

さらにはじめてシーズヒーターを使った新型電気アイロンが発売された(**図8**)。シーズヒーターとは、らせん状に巻いたニクロム線が、金属管に接触しないように絶縁性の高いマグネシアの粉末を固く詰めたもの。それまではマイカ(雲母)にニクロム線を巻き付けていたのを使っていた。①製造性がよい、②安全、③組み立て分解がしやすいのでヒーターの断線などが起こりにくい、などの特徴がある。

一九二七年四月、松下もアイロンを三・二〇円で発売した。大量販売を目指し、他社より二割安

い価格設定であった。（図９）

　芝浦製作所は、小物家電商品の中で扇風機はすべて自製していたが、それ以外の電熱機器と電気暖房機器などは、一九二八年ころから、順次内外電熱器（株）に製作をまかせ、芝浦ブランドで販売していたようだ。調達商品は、電熱機器、電気暖房器、その他を合わせると約一〇〇機種にもなった。商品の種類の多さは、現在と比べても遜色がない。

図７　昭和初期の電気アイロン

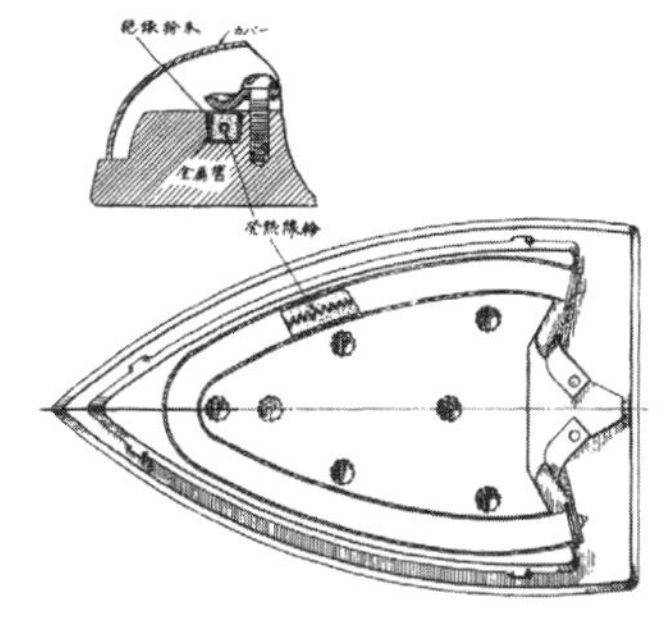

図８　シーズヒータ

図９　松下電気アイロン

表1は、一九二八(昭和三)年六月の内外電熱器(株)製アイロン(**図10**)の定価表である。コードの長さは二・五メートルと、これまでより長いのが特徴だ。一般家庭では、現在のような壁にコンセントがなく、電球を外してソケットにコードを差し込むか、二股ソケットに買い換えコードを差し込むため、長いコードが必要であった。

一九三〇年ころのアイロンは、三種類に分類できた。

【自動アイロン】

ある温度に達すると自動的にOFFになる。主婦が、アイロンをかけたまま忘れても、火事にならない。

【湿潤アイロン】

スチームアイロン。水タンクを内蔵し、布地のシワを伸ばしたいとき、ボタンを押せば蒸気が出る構造。

【携帯用アイロン】

三徳アイロンともいう(**図11**)。普通のアイロンとして使用する以外に、上部を加熱して毛髪コテ、逆さにして七輪の代用をするもので、旅行用としても便利である。

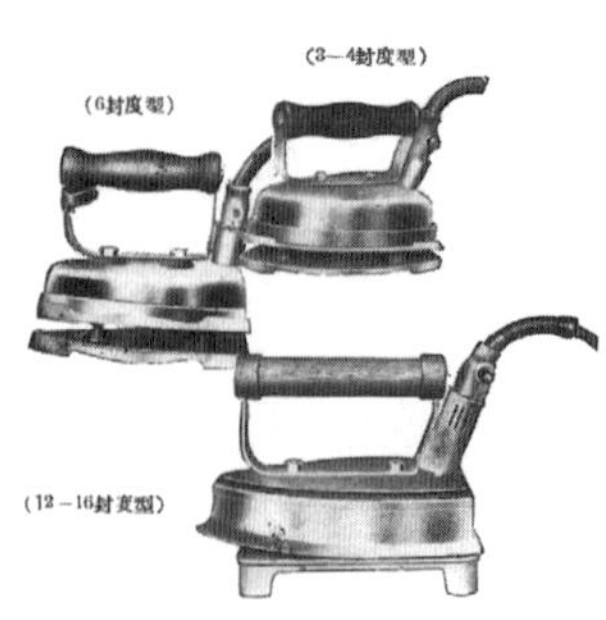

図10 内外電熱器アイロン

表1 電気アイロン定価表(内外電熱器製)

No.	種類(ポンド)	容量(W)	定価(円)
1	アイロン(3)	250	4
2	アイロン(4)	300	5
3	アイロン(6)	500	11
4	アイロン(12)	800	24
5	アイロン(14)	1 000	26
6	鏝(こて)	100	6

一九三二年当時、アイロンは四ポンドが三・二〇円、六ポンドが五・六〇円と値下がりしている。アイロン本体カバーは、青磁色ホーロー仕上げとなっており、汚れにくく、錆びず、長年にわたり新品同様に使えた。（図12）

一九三四年、「芝浦製品型録」に紹介された電気アイロンは、四ポンドは三〇〇ワット（三・七〇円）、六ポンドは五〇〇ワット（六・〇〇円）で、二メートルのコードがついている。芝浦電気アイロンの単品型録の表紙は、なかなかしゃれている。（図13）

図11　三徳アイロン

6ポンド　4ポンド

図12　芝浦電気アイロン

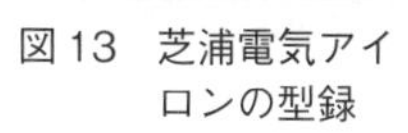

芝浦電氣アイロン

図13　芝浦電気アイロンの型録

同年に出版された関重広『家庭電気読本』（新光社）では、「恒温式アイロン」が紹介された（**図14**）。これは、自動温度調整式アイロンのことである。ようやく、サーモスタットの組み込みが普及してきたということだ。自動温度調整式アイロンは、アイロンの狭い空間にサーモスタットなどの複雑な装置を入れ込んだものである。（**図15**）

●新型アイロンの発売

一九三六（昭和十一）年、東京電気（株）に東京電気商事（株）が設立され、同社が発行した『マツダ通信』に四種類の新型アイロンが掲載された。

①流線型アイロン、②平型アイロン、③砲弾型アイロン、④超流線型アイロンの四種で、そのうち④超流線型アイロンは独特の形状で、**図16**のように使う人の内側が少し凹んでいる。三ポンドは二〇〇ワットで、価格が二・五〇円、六ポンドは五〇〇ワットで、七・五〇円。コードは一・八メートル、プラグ付だ。コードの先は、電球のソケットと同じねじ込みタイプで、電球の二股ソケットに取り付けた。

一九三七年、芝浦マツダ工業（株）（現（株）東芝）の調査によると、

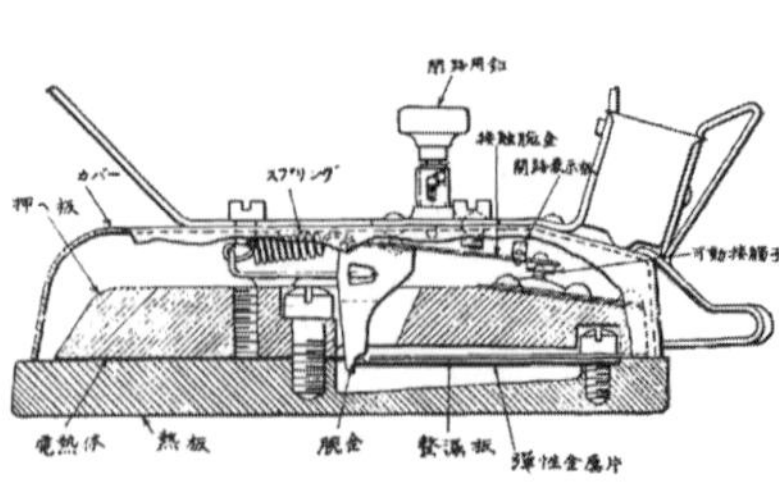

図15　自動調温装置の構造図

図14　恒温式アイロン

わが国における当時の電気アイロンの普及台数は三一三万台であった。このとき、電気冷蔵庫の普及台数は一万二二一五台、電気洗濯機は三一九七台、電気掃除機は六六一〇台だから、アイロンは桁違いに普及していた。アイロンは実用性が高いので、ほかの家電製品に比べれば比較的安く作れるようになっていた。

同年発行の（社）電気普及会編集の『実用電気ハンドブック』では、「家庭用としては和服に一ポンド、二ポンド、三ポンドが用いられ、洋服には三ポンド、四ポンド、六ポンドなどが用いられる」とある。この時期になると、サーモスタットを組み込んだ機種も増えてきた。絹地には一三〇度、薄毛織物は一四〇度、厚毛織物は一五〇度、麻地は一五〇度、木綿時は一六〇度と、きめ細かく設定できるようになっている。

図16　超流線型電気アイロン

●戦後いち早く普及したアイロン

戦後、一九四五（昭和二十）年十二月、日本政府はＧＨＱ（連合国軍総司令部）から進駐軍の家族向けの住宅建設とともに、各戸に必要な家電製品を含む什器類（日常使用する器具・家具類）の生産も指示された。（住宅戸数は、最終的に一・二万戸）

これらの中に、電気アイロンも含まれていた。製造を担当したのは、松下電器、光科学産業、小池産業、田中計器の四社であった。

電気アイロンの生産は、ほかの家電製品に比べ最も多く、一九四六年に約十二万台からスタートし、一九五五年には一二二万台へと急拡大した（**表2**）。電気アイロンは、戦後いち早く普及した家電製品である。

表2　戦後の電気アイロンの生産台数の推移

年	台　数
1946（昭21）	118 949
1947（昭22）	155 584
1948（昭23）	216 195
1949（昭24）	195 566
1950（昭25）	253 205
1951（昭26）	540 117
1952（昭27）	776 067
1953（昭28）	919 064
1954（昭29）	1 082 255
1955（昭30）	1 223 216

出典：日本電機工業会

第5章　電気暖房機器

人類の暖を取る方法は、火を焚くことからはじまった。

日本家屋は隙間が多く、冬場に炭火で暖を取るのは容易ではなかった。人はたくさん着込み手先を火鉢で温めるか、こたつ（炬燵）に手足を入れて温めた。

●こたつとあんか

こたつは、室町時代（一四〇〇年代）から使われていたといわれている。炎が消えた囲炉裏のおき火の上に、木製のやぐら（囲い）を載せるなど、わが国独自に発達してきた。

江戸時代になると、床を掘り下げて炉を設け、床上にやぐらを置いて布団を掛けるようになった。これが「掘りこたつ」である。（**図1**）

畳をこたつの大きさに切り込み、その上にやぐらを置き、布団を掛けたものは「切りこたつ」という。（図2）

簡素なものは、床に置いた木枠つきの火鉢（ひばち）の上にやぐらを置いた。これは「置きこたつ」という。（図3）

その後練炭、豆炭が普及し、さまざまな形状や素材のこたつが売られるようになった。後に、電気暖房器具やガス暖房器具が出回るようになってからも、こたつや火鉢には長く炭火が使われた。

こたつは、古くから「炬燵」「火燵」「火闥」などと書かれていたが、中国にはない表記で、禅僧の発案と考えられている。また、「踏立（けたつ）」「脚立（きゃたつ）」から分化したという説もある。炉を腰掛として使うイメージからきているようだ。

こたつが据えつけで複数の人が同時に使えるのに対し、あんかは一人で運べて一人で使う暖房器具のことだ。「行火」と書く。陶製の容器の中に火鉢を入れたあんかは、寝るとき布団の足下に入れて朝まで使う。

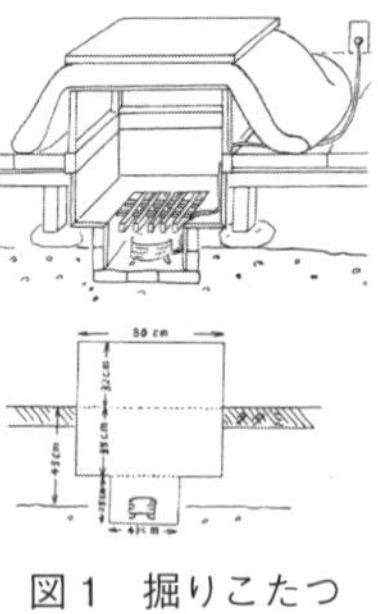
図１　掘りこたつ

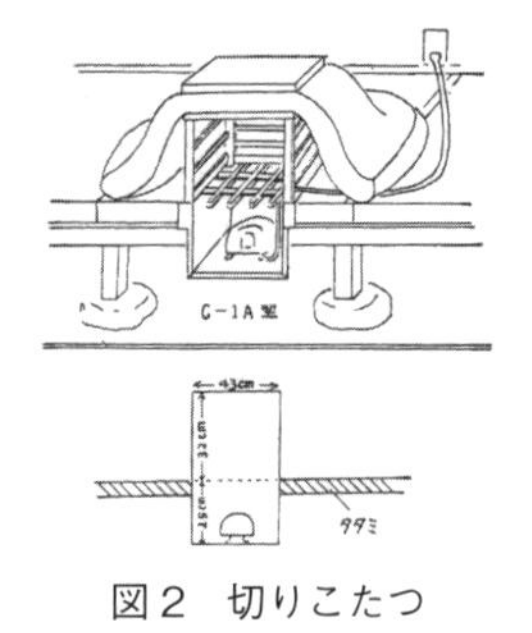

図２　切りこたつ

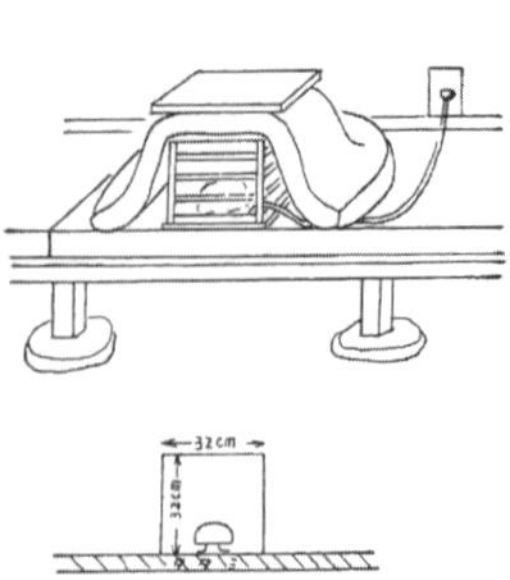

図３　置きこたつ

●電気暖房機の発展

欧米では、十九世紀末に一般家庭で電気が使えるようになると、白熱灯に続いて誘導モータやニクロム線およびシーズ線（ヒーター）が発明された。モータを応用した製品としては、一八八二年の電気扇（せん）にはじまり、一九〇六年にエアコン、一九〇八年に電気洗濯機が発明された。ヒーターを応用した製品としては、一八八二年に電気アイロン、一八九一年に電気オーブン、一八九三年に電気トースター、一九〇八年に電気ストーブが発明されている。

もともと欧米では、古来暖房といえば煙突を備えた暖炉か薪（まき）ストーブであった。その後、炭や石炭、石油、ガスと新しい熱源を利用した。欧米の家屋は、わが国の住まいよりも壁が厚く、密閉度も高いため、部屋全体を暖める暖房が発達したのである。一方、個人用としては湯たんぽが多く使われていた。

わが国では、囲炉裏を煮炊きと暖房に使う地方もあったが、手足のみを温める直火（炭火など）の置きこたつが普及した。

明治の末期に、電熱器具が製作され、大正に入ると電気掘りこたつや置きこたつが量産された。炭火を火種としたやぐらこたつや置きこたつ、あんかを電気に置き換えていったのだ。

暖房器具といえば、電気こたつのほかに「反射型電気ストーブ」「対流型電気ストーブ」「電気火鉢」「電気足温器」「電気布団」などが早くから開発されていた。

電化される前の炭火こたつや、あんかは大きな問題を抱えていた。それは火事と一酸化炭素中毒の危険性である。幼い子供が亡くなることも多かった。電化によりこの危険はなくなった。またサーモスタットにより一定の温度が保てるようになった。

●電気こたつの登場

『芝浦六十五年史』によれば、一九一五（大正四）年に「電気扇、電熱器等家庭用品の大量製作を開始する。」とある。

「電熱器等」とは、ヒーターを応用した調理機器と暖房機器のことだが、ここでは明確に「電気こたつ」という商品名が出てこない。『東芝八十五年史』では、同年に「暖房機」を生産したことが記されている。

一九二二年、『芝浦レヴュー』十二月号には、五〇〇ワットの反射型電気ストーブが紹介されている。しかし、電気こたつは紹介されていない。

大正末期には、反射型ストーブは売り出されていたが、部屋全体を暖められないので人気がなかった。ならば電気こたつのほうが、布団で囲えば、中に手や足を入れられて暖かいと考えられていた。『家庭電気機器変遷史』によれば、一九二四年に「電気製の掘り炬燵、置き炬燵が発売された。」とあり、価格は、一〇〇ワット四円、二〇〇ワット五円、四〇〇ワット六円であった。

一九二四年、木津谷栄三郎は自著『家庭の電化に就いて』において、電気こたつの詳しい調査や実験を行なった。電気こたつは、その使い勝手から、やぐら型で部屋に固定するものと、あんかや湯たんぽ型で移動に便利なものがあった。また、当時の電熱源としてはニクロム線とランプの二種類が使われていた。

このとき次の四製品について、温度上昇、サーモスタットの動作などを布団の中で実験した。

①川崎製こたつ：木製本体の内側には、鉄板が貼り付けてある。四十ワット（図4）

②川北製こたつ：木製本体は川北電話工業の乾燥室で乾燥させた。四十ワット（図5）

③内外製こたつ：川北製と大差ない。コイルに塗料が塗ってある。四十ワット（図6）

④須山製こたつ：東京須山研究所の試作品。鉄板の円筒に石綿を巻き、その上にニクロム線を巻いた。四十ワット（図7）

それぞれ概略図ではあるが、その後のこたつ（あるいはあんか）の形状に影響を与えていると思われる。

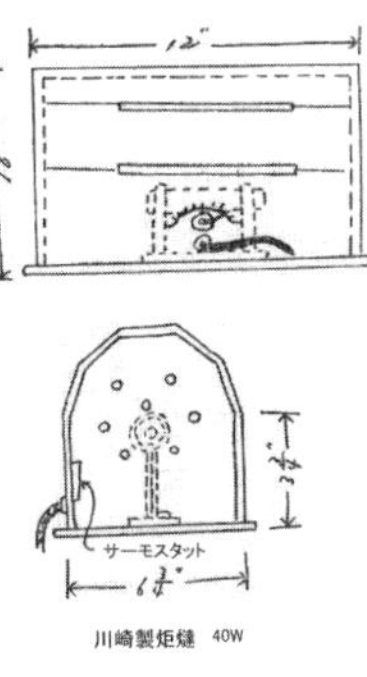

図4　川崎製こたつ

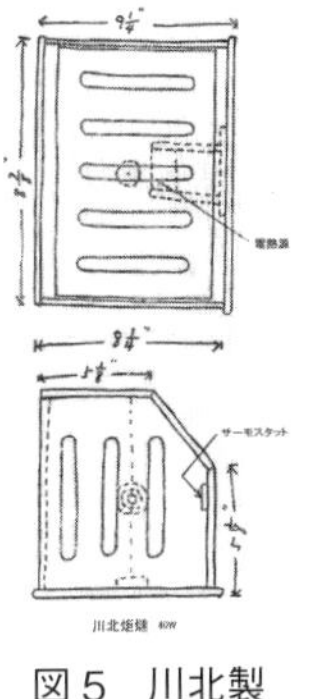

図5　川北製こたつ

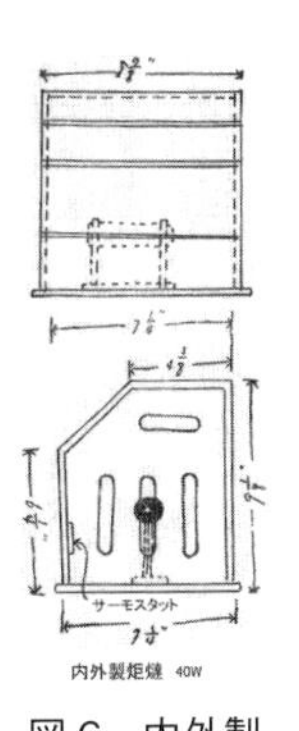

図6　内外製こたつ

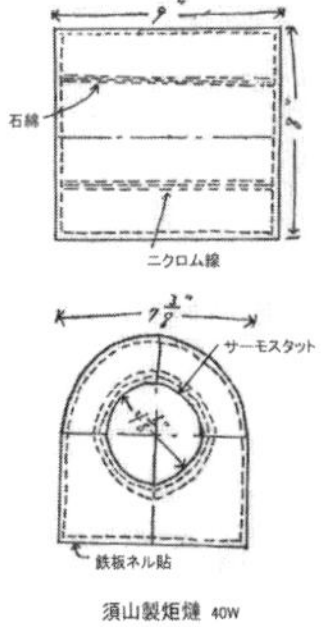

図7　須山製こたつ

●電気暖房の流行

一九二七（昭和二）年、『芝浦レヴュー』十月号に「新型家庭用電熱器具」という題で、角型反射ストーブ（一キロワット）、丸型反射ストーブ（六〇〇ワット）、電気こたつ（二〇〇ワット）が紹介された。

　炭火を使う火鉢やこたつが、衛生上どんなに有害であるかは、今更いうまでもない。最近、芝浦製作所が新たに改良発売した絶対無害で優秀な電熱器具の数種を紹介しよう。

この電気こたつは、**図8**に示すように、うまくやぐらに収まるように四角形に作ってあり、その構造は非常に頑丈である。乗って踏んでも壊れたりすることはない。表面は完全な錆止め塗装され、きれいに仕上げてある。足温器としても使える。そのほかに、サーモスタットの原理と使い方などを解説している。

一九二七年七月、東京電気（株）発行の『マツダ新報』には、「弊社はこのたび、内外電熱器（株）製の電気ストーブ各種を、特に安価を持って提供することにいたしました。」と発表し、電気ストーブ六機種と電気

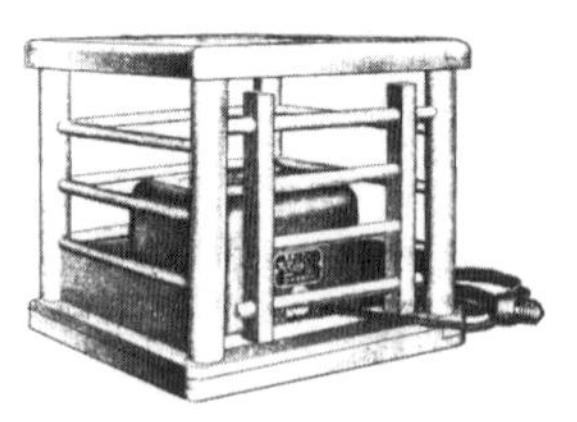

図8　電気こたつ（200 ワット）

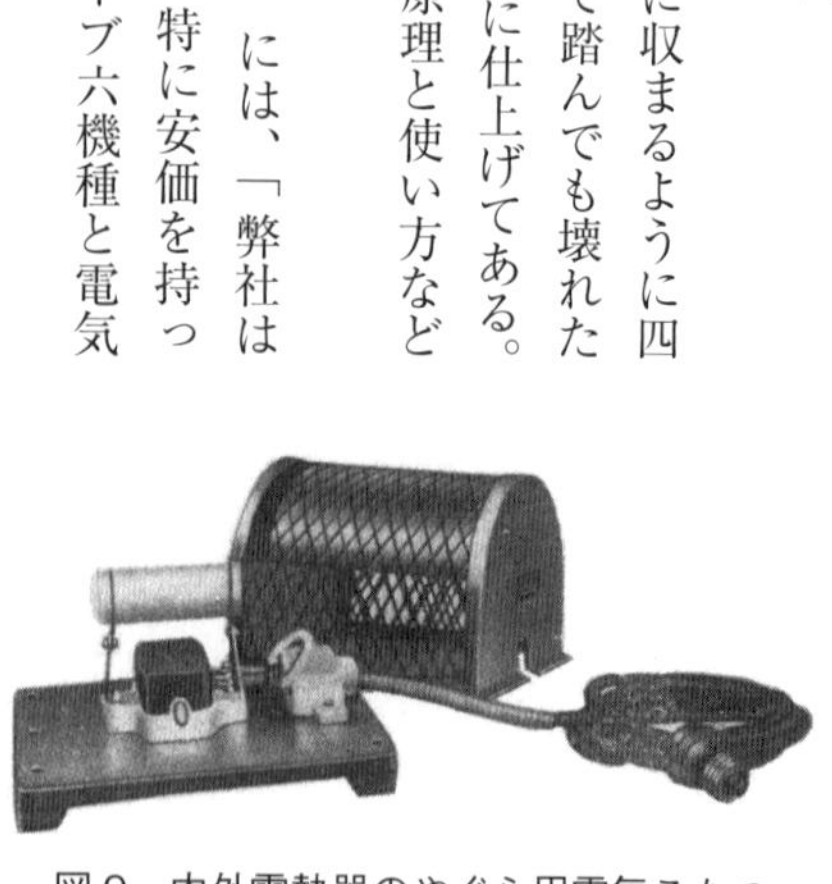

図9　内外電熱器のやぐら用電気こたつ

こたつ（六十ワット）およびやぐら用電気こたつ（二〇〇ワット、三〇〇ワット）を紹介した（図9）。電気こたつは六円五十銭、やぐら用電気こたつは八円五十銭であった。内外電熱器（株）のカタログを調べてみると、電気こたつの大きさは幅二一八ミリ×奥行二八八ミリ×高さ一七〇ミリである。なお、内外電熱器（株）は芝浦製作所の資本が入った子会社である。

やぐらを除く電気こたつ（ヒーター部）の大きさは、幅一九六ミリ×奥行二二一ミリ×高さ一六〇ミリである。

この当時のコードの長さは三メートルで、差し込みプラグ付である（図10）。この時代のプラグというのは、電球を外してねじを回すように差し込む器具のことである。ほとんどの一般家庭には、まだ壁にコンセントがないので、電球を外すか、「ト」の字型の分岐ソケットの片方にねじ込んだ。（図11）。

一九三四年発行の関重広『家庭電気読本』（新光社）には、「電気こたつや電気ストーブが大流行である」とある。（図12）

電気こたつは、やぐらの中に入れて使うもので、消費電力は二〇〇ワットとかなり大きいが、サーモスタットが付いていて、

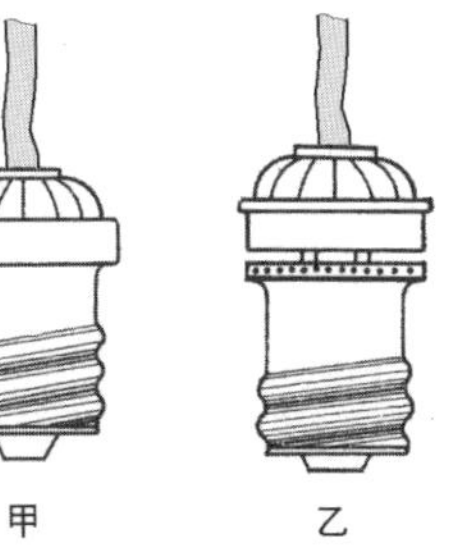

図10　差し込みプラグ

図11　トの字型分岐ソケット

図12　電気ストーブ

実際は使用している間の三分の一くらいしか通電していない。また、こたつとあんかとは地方によっては混同されて呼ばれることもあるが、あんかは、やぐらの中に入れず、そのまま布団の中に入れて使うものである。五十ワット程度でサーモスタットが入っている。(図13~15)

●逆転の発想

一九五二(昭和

図 13　電気こたつ (200 ワット)

図 14　電気あんか

図 15　電気こたつ (400 ワット)

図 16　電気ストーブ

図 17　電気あんか (FA-1)

図 18　電気掘りこたつ
(EK-2)

二十七）年、（株）東芝が電気ストーブや電気あんかなど多くの暖房器具を発売した（**図16・17**）。電気あんかは、木製で丸みのあるきれいなデザインであった。自動温度調節器つき、六十ワットで、価格は一二六〇円。

翌年には、電気あんかは三機種になり、掘りこたつ用の電気こたつも四機種がそろうなど、暖房器具は順調に伸びはじめた。（**図18**）（**表1**）

戦後十年が過ぎた一九五六年、（株）東芝から電気やぐらこたつの新しいアイデアが生まれた。第一号機は、四十二センチ角やぐらKYA-32（三〇〇ワット、二九五〇円）と、五十センチ角やぐらKYA-41（四〇〇ワット、三八〇〇円）。それまでは下部にヒーターがあり、その

表1　主要電気暖房機器の生産台数（千台）

年	電気こたつ	電気あんか	電気ストーブ
1956(昭31)	—	—	164.2
1957(昭32)	—	—	227.1
1958(昭33)	—	—	193.1
1959(昭34)	—	—	211.7
1960(昭35)	2 930.7	2 483.6	370.3
1961(昭36)	3 255.0	2 282.5	537.8
1962(昭37)	3 044.9	1 444.3	279.0
1963(昭38)	2 854.3	1 240.8	209.0
1964(昭39)	3 507.1	1 200.7	294.8
1965(昭40)	3 269.2	1 078.7	447.3
1966(昭41)	3 492.0	1 598.6	621.6
1967(昭42)	3 900.3	2 211.3	618.2
1968(昭43)	3 883.2	2 611.7	676.2

出典：日本電機工業会

上部空間を確保するためにやぐらをかぶせていたが、やぐらの上部に下向きヒーターを取り付けた「逆転の発想」である。これによりこたつの中で足を自由に伸ばすことができると大好評となり、爆発的に売れた。（図19）

電気やぐらこたつは家庭の団欒の場として人気を呼び、販売台数は、一九六〇年は年間二九三万台、一九六一年は三二五万台、一九七一年は四〇七万台、一九七三年は六一七万台と急速に普及した。普及のスピードはアイロン、電気扇風機、電気釜などを追い越し、一九七三年には普及率が九十パーセントを超えた。

一方、電気ストーブは電気やぐらこたつに押されて、一九六二年ころの販売台数は、こたつの十分の一以下であった。（図20）

図19　東芝やぐらこたつ（KYA-32）

図20　電気反射ストーブ

第6章　電気美容・健康機器

電気が発見され、モータが発明された。一八八九年には扇風機が、一九〇五年にはアメリカのアルバート・マーシュによりニクロム線が発明され、ヒーターエレメントができ上がった。

当初、わが国に輸入されていた家電製品は、電気冷蔵庫、電気洗濯機、電気掃除機に代表される生活を便利にする商品が主であった。ところが、家電先進国アメリカでは、美容や健康のための家電製品もたくさん開発された。本章では、電気美容・健康機器が、わが国で発売されはじめたころの実態などを紹介する。

●美容・健康機器の登場

〔美容機器〕

一九一四年、ピストル型の手に持てるヘヤードライヤーが発明された。初期のヘヤードライヤーのハンドルは木製で、ケースはステンレスかアルミニュームの軽い金属であった（**図1**）。当時は、クリーナーの後ろにアタッチメントをつけて髪を乾かすのが一般的であった。その後、クリーナー用のモータとヒーターを組み合わせたヘヤードライヤーができるが、大きくて重たかった。

携帯用の軽いヘヤードライヤーは、戦後一九四六年にシールド・スタンレー・Rが、特許を取得した。

この時代、わが国では髪を乾かすヘヤードライヤーなどを「整容器」と呼んでいた。現在でいう「美容器具」のことである。

〔健康機器〕

「ヘルスモーター」あるいは「モータランマー」は、わが国では「電気体操機」または「電動保健機」と呼ばれていた（**図

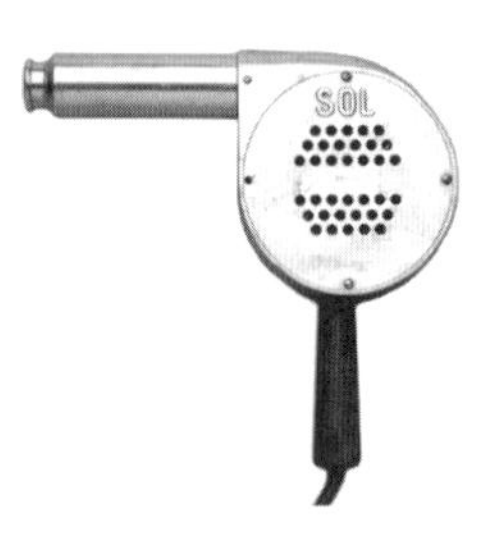

図1　ハミルトンビーチ製（1920年）

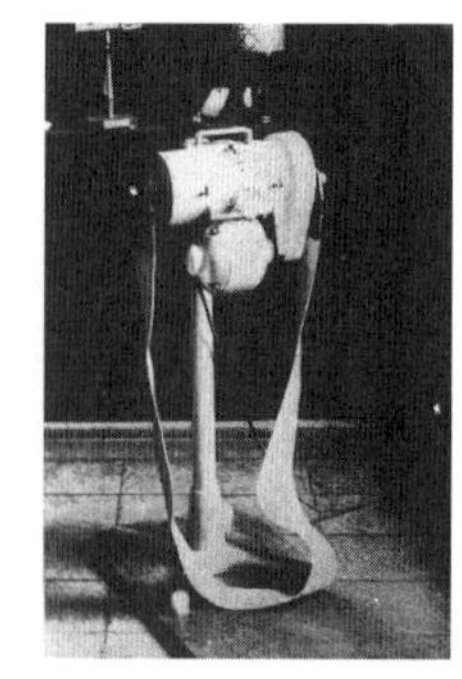

図2　電気体操機

図3　電気体操機の使用法

2・3）。これらは「健康機器」と呼ばれ、ほかに「加湿器（湿潤機）」「電気吸入器」「電気按摩器」などがあった。

●美容機器のいろいろ

「整容器」と呼ばれた「美容機器」には「毛髪乾燥機（ヘヤードライヤー）」「毛髪ゴテ（ヘヤーアイロン）」「電気バリカン」「ヒゲ剃り用湯沸し器」「電灯付き化粧鏡」「電気タオル」などがあった。

〖ヘヤードライヤー〗

ヘヤードライヤー（毛髪乾燥機）は、当時は主に女性向けの商品であった。構造は、小型モータの軸に取り付けた羽根から送られる風が赤熱した電熱線（三〇〇～五〇〇ワット）の間を通って熱風となって出てくる。それを毛髪に当てると五～十分で乾き、ウエーブすることが容易となる。電気容量は、モータが三十ワット、ヒーターが三〇〇ワットで、値段は三十五円くらいである。取っ手にスイッチが付いていて、熱風と冷風に切り替わる。（図4・5）

図4　ヘヤードライヤー（日本電気（株））

図5　ヘヤードライヤーの使用法

【ヘヤーアイロン】

昭和初期、女性は毛髪をウエーブすることが常識となった。ウエーブするには、ヘヤーアイロン（毛髪乾燥機）が最適であった。値段は、十二〜十三円から十六〜十七円、電気容量は一五〇〜二〇〇ワットぐらいである。美容院、理髪店など、業務用としての利用が先行した。（図6）

【電気バリカン】

電磁石またはモータによって、バリカンの刃を動かすものである。電気容量は、いずれも三十ワット程度である。

【ヒゲ剃り用湯沸し器】

男性用のヒゲ剃専門の湯沸しというものがある。構造は、陶器カップの底部に発熱体を取り付けたものである。中間スイッチによって、電気をON－OFFする。電気容量は三〇〇ワット、二分間ほどで適温の湯ができ上がる。

小型のヒーター投げ込式湯沸器もある。電気容量は二〇〇〜三〇〇ワットである。

【電灯付き化粧鏡】

化粧台や洗面所の鏡の顔の高さくらいの左右にブラケット灯を取り付けて使う。

図6　ヘヤーアイロンと加熱器

【電気タオル】

熱風で手を乾かす装置である。モータとヒーターとを組み合わせたもので、押しボタンスイッチまたは足踏みスイッチを押すと熱風が吹き出しすばやく手を乾かす。

一九三七（昭和十二）年ころになると、美容器具は婦人用のみならず、男性のための電気器具がいろいろ発売されるようになってきた。一九三七年二月発行の電気普及会編『実用電気ハンドブック』では、「整容器」は、「美容器具」と呼ばれるようになった。

●健康機器とは

一九一五（大正四）年、わが国では、「電気扇（せん）」（扇風機）や電熱機器の量産がはじまった。健康機器は、そのわずか七年後の技術誌に「電気湿潤器」（加湿器）の記事が出た。さらに十年後の一九三二（昭和七）年には、ヘルスモーターが紹介されている。電気洗濯機、電気冷蔵庫の量産開始とほぼ同時期である。

【ヘルスモーター】

一九三二（昭和七）年『科学画報―電気の驚異』二月号によれば、アメリカの電気業界に一大センセーションを起こした健康増進用の電気健康機器がわが国でも発売された。「電動保健機」と呼ばれたヘルスモーターである。（図7）

図7　電動保健機

ヘルスモーターは、家庭用の健康機器である。これを家庭に一台備えておけば、家族の健康美を手に入れることができる。肥満の者にとってはぜひ使ってみたい機器である。

ヘルスモーターの重要な部品は小型モータで、その両端にフックがあり、これにベルトを掛けて使用する。スイッチを押すと、モータが回転して、その軸に取り付いている偏心軸により、フックが往復運動して、ベルトを振動させるのである。

ベルトを腰に当てると、全身が振動して心地よいマッサージとなる。その他、首や腕や脚など任意の箇所にベルトを掛けて、自由に運動することができる。

ヘルスモーターの構造はメーカーによって多少の相違があるが、その型を大別すると踏台型、壁掛型、卓上型、キャビネット型などがある。

なお、高級機種にはベルトを腕に巻く場合に便利なように、幅の違ったベルトが数種付属している。そのほかに、ベルトを使わずに、直接手で握って全身の運動することのできるハンドルが一対付属している機種もある。ヘルスモーターのモータは、四分の一馬力か、二分の一馬力である。市場では非常に好評であった。

●美容機器の普及

一九三四（昭和九）年『マツダ新報』六月号では、「モータランマー」と呼ばれる健康増進機が紹介された。わずか三分間のベルトによる振動で、約十里（約四十キロメートル）の道を歩くのと同じ効果があるという。

一九五五年、関重広は自著『新しい家庭電気の知識』において、復興した日本の美容機器を紹介した。（図8～11）

〖ヘヤードライヤー〗

髪を乾かすには、ヘヤードライヤーが便利である。筒の内部に五〇〇ワットくらいのヒーターがある。丸い部分に送風機とモータが納められていて、筒先から乾いた熱い空気を噴出すようになっており、五～六分で乾いてしまう。

〖電気バリカン〗

バリカンは、主に男子が使う。電気バリカンを備えている家庭はまだ少なく、業務用が主である。

『東芝電気器具二十五年のあゆみ』（一九七五年二月発行）によれば、戦後

図8　新しい家庭電気の知識

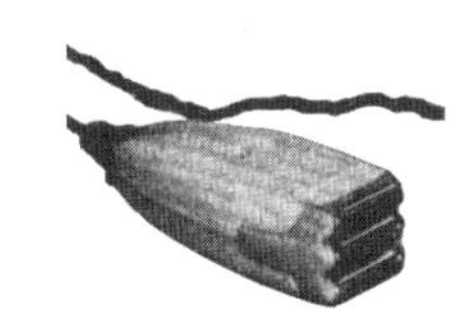

図10　シェーバー（ひげ用電気バリカン）

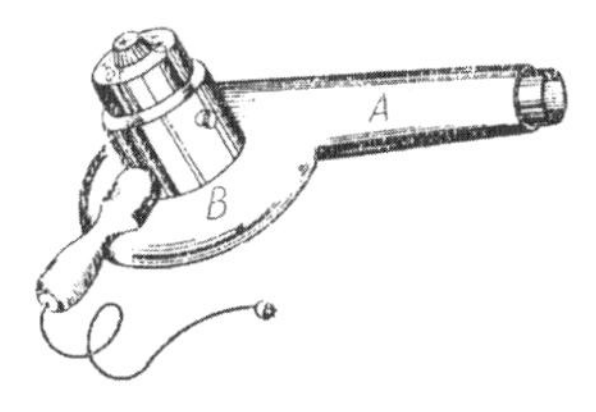

図9　ヘヤードライヤー

図11　シェーバーの使い方

わが国で家庭用のヘヤードライヤーが登場したのは昭和三十年ごろであったという。アイロンや小型調理機器などの普及が先行し、美容機器の普及は昭和三十四年以降のことである。

日本電機工業会のまとめによれば、戦後ヘヤードライヤーの生産量は、一九五七年度が一万二二四〇台、一九五八年度が二万七二五台、一九五九年度は四万一三八六台だった。その後、しばらくはデーターが途切れるが、一九六五年には三一七・一万台と急伸長する。

●普及が遅い健康機器

一九四五（昭和二十）年八月、敗戦によって長い戦争も終わり、進駐軍の家族、兵舎などで使用する家庭用電気器具を調達するために、大量の生産指示があった。しかし、これらにはヘルスモーターや加湿器などは含まれていなかった。

戦後もようやく九年目（一九五四年）の技術誌に、ヘルスモーターの写真が出ているが、説明がない。（図12）

わが国はまだ貧しく、生きていくのが精一杯だったので、健康機器は程遠い商品であった。

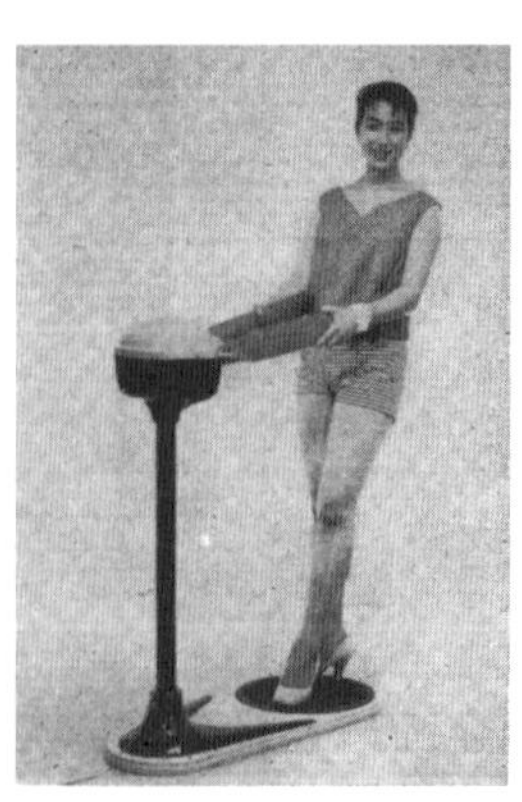

図12　ヘルスモーター

第7章　電気時計

紀元前二〇〇〇年ごろにエジプトで日時計が作られたときから、人類は「時」を意識しはじめたといわれている。日時計のほかにも、水時計、砂時計などが作られてきた。

『日本書紀』によると、わが国では六七一年、天智天皇が初めて漏刻(ろうこく)（水時計）を作り、時を知らせた。

●機械時計の登場

一五五一年、宣教師フランシスコ・ザビエルが渡来し、周防(すぼう)の領主大内義隆へ機械時計を献上した。これが、わが国に入ってきた初めての機械時計である。

一六〇〇年ごろ、天草島の志岐では、現在の職業学校のようなかたちで、宣教師が時計、オルガン、天文機械などの製作法を教えた。

江戸時代には、輸入された機械時計を参考に、多くの工芸的な時計が作られるようになった。これを「和時計」と呼び、日本独得の時計に発展した。

それは、欧米で用いていた「定時法」ではなく、「不定時法」という時刻表示を用いた。日出と日没によって昼と夜に分け、それぞれを六等分する時刻表示方法である。したがって、夏の昼の時間は長く、夜の時間は短いというように、季節によって時間の長さが変化する。

一六〇五年、津田助左衛門が初めて和時計を作り、徳川家康に献上した。

そして、時計といえば田中久重の「万年時計」である。（図1）

久留米で生れた久重は、子供のころから発明、細工の才を発揮し、からくり人形師として身を起こし、一八五一年五十三歳にして万年時計を完成した。七十五歳にして東京に転住し、二年後に銀座に店舗兼工場を構え、今日の（株）東芝の基礎を作った。

この万年時計は、国立科学博物館に保存されている（動くレプリカは、東芝未来科学館（川崎市）に展示されている）。

図1　田中久重作「万年時計」

電気時計の発明

電気時計の歴史を探ると、一八四〇年ごろにアレキサンダー・ベインが磁力による一種の反発式時計を考案した（図2）。以来多くの人によりさまざまな方式の時計が考えられた。一九一八年にアメリカのウォーレンが交流電流の周波数と同調して回転するモータを使った電気時計を開発したといわれている。

しかし、今日の最も普及している乾電池を使った電気時計は、一八九一（明治二十四）年に日本人の屋井先蔵が発明した（図3）。特許第二〇五号「電気時計」である。この特許を出願したのは、一八八九年十二月十二日で、わが国の特許制度が発足したばかりのころであった。

屋井先蔵のすごいところは、乾電池を世界に先駆けて発明したことだ（図4）。一八八五年に乾電池を作り上げ、「連続電気時計」を発明、特許を申請した。

一九三二（昭和七）年の『科学画報―電気の驚異』（新光社）では電気時計を三種類に大別している。

図2　ベイン時計

図3　屋井先蔵

図4　屋井乾電池

①親時計で子時計を動かすもの：一個の親時計（図5）で数百個の子時計を動かすことができる時計である。電源は乾電池か蓄電池で、親時計から一分ごとに送られてくる衝撃電流により、子時計の電磁石が励磁されて針を進める方式である。時刻表示は正確である。会社、学校などに適している。

②電気巻時計：時計の内部に小型モータがあり、自動的にぜんまいを巻く構造である。時刻表示はあまり正確ではない。

③同期式電気時計：時計の内部には、小型同期モータが組み込まれ、その回転数は電気の周波数と一定の関係があり、回転数は常に一定である。時刻表示は正確で、値段も比較的安い。電源に差し込んでおくと、ゼンマイを巻く必要がなく便利である。（図6）

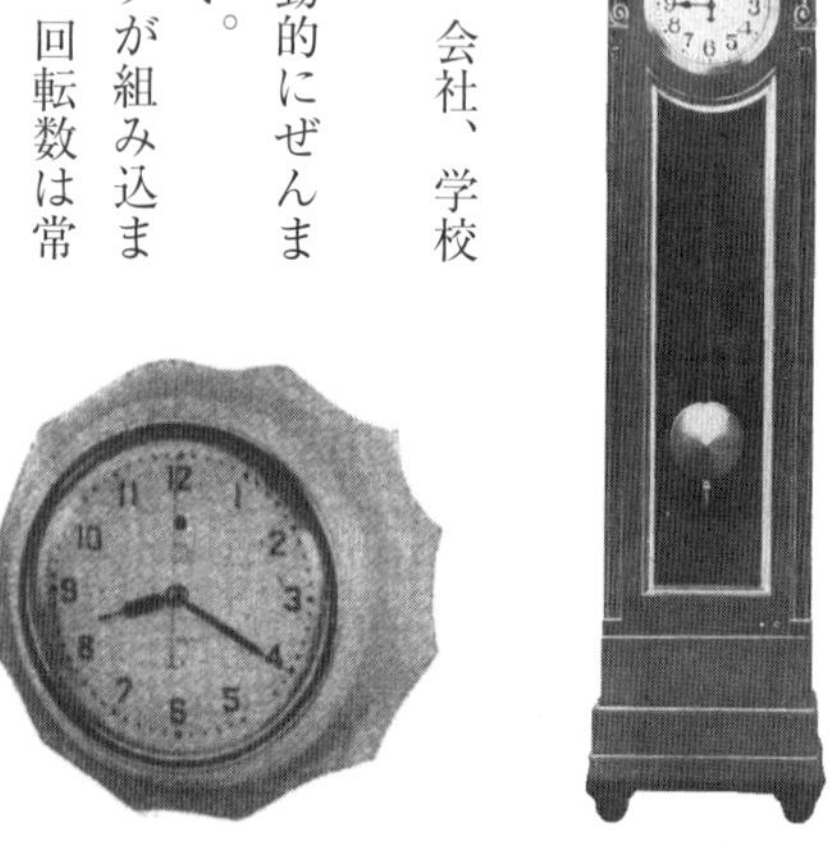
図5　電気親時計

図6　同期式電気時計

●電気時計の広告

一九三五（昭和十）年、東京電気（株）の広報誌『マツダ通信』六月号に、電気時計の広告（図7）が出ている。電気店に向けてのＰＲと思われる。

新時代の贈答品・マツダ電気時計

　時計界の革新を急激にもたらしたのは実にマツダ電気時計の急速なる一般化によるものであると言っても過言ではあるまい。これひとえに販売店各位の熱烈なるご支援とわが社の真剣なる研究と優秀なる製品の製作とのコンビの結果である。

　新時代の商品としてのマツダ電気時計の視野は広い。さらに販売にご努力あらんことを懇願する次第である。

一九三七（昭和十二）年、電気普及会編『実用電気ハンドブック』によれば、時計技術の応用商品は次の四種であった。

①タイムスタンプ：受理した郵便物、電報、その他時刻を重視する書類に正確な時刻を刻印する機器。（図8）

②タイムレコーダー：出勤、退社時に、カードを時計の前の箱に挿入し、ハンドルを動かすと、その時刻が記録されるもの。（図9）

③時報機：出勤、退社あるいは正午などの時刻を建物内の人々に報せる機器。

図７　マツダ電気時計の広告

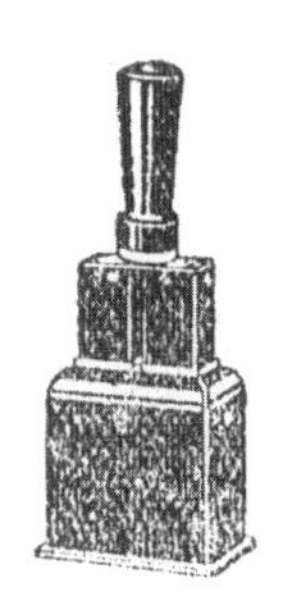

図８　タイムスタンプ

図９　タイムレコーダー

④ タイムスイッチ：自動的に直接回路を開閉する方式と、リレーを働かせ回路の開閉を行なう方式がある。

◇『東京電気五十年史』（一九四〇年十二月三日）にみる「マツダ電気時計」の実力

家庭の電化が次第に進むなかで、東京電気（株）は従来アメリカのワーレン・テレクロン社より輸入していた電気時計の国産化を検討し、一九三二（昭和七）年より「マツダ電気時計」の製造・販売を開始した。「マツダ」は、白熱燈で採用したブランドである。

時代の要求に即応したこの「マツダ電気時計」は非常に好評で、一九三五年に「普及型マツダ電気時計」を市場に出した。さらに評判を呼び、家庭の電化に大きな役割を果たした。

◇電気時計の製造

近代化とともに、官邸、学校、銀行、会社、停車場のみならず一般家庭においても正確な時を報せる時計が求められるようになってきた。この要求を最も安価に満足させたものが「マツダ交流式電気時計」であった。

発電所に標準時計を据え付けて、周波数の調整を行った電灯あるいは電熱線の承口（受け口：現代のコンセントに相当する）に電気時計のプラグを差し込めば、常に正確な時を報せてくれるので、これまでの手巻き時計や電池式電気時計に比べてきわめて便利であった。

マツダ電気時計は、電気の供給を受けているかぎり回り続ける、特殊な「マツダ同期電動機」（マ

ツダ・シンクロナス・モータ）が使われている。（図10）

交流用の電気時計を使用するには平均周波数が調整された電力の供給が必要であるが、このため発電所には標準時計なるものを用いる。東京電気（株）は、周波数調整用として「マツダ電気標準親時計」を製作した。（図11）

マツダ電気標準親時計は交流電気時計の電源である発電機の回転、すなわち電力の周波数を調整する際の標準となる。この時計はゼンマイと振り子からなり、振り子はグラハム式エスケープメントという機構によりゼンマイを動かす。この機構は、振り子の振幅を制限して時計の精度を向上させるもので、一七二一年ジョージ・グラハムが発明した。

なおゼンマイは内部の小型の同期モータにより常に巻かれる構造になっており、振り子を動かすために緩む分だけ、この小型モータで巻いていくようになっている。ゼンマイは、常に一定の強さに巻かれた状態で働き、振り子にかかる力は常に一定である。したがって周期の狂う

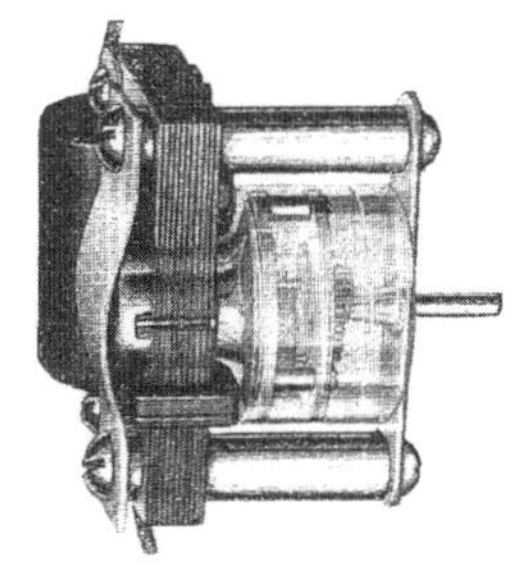

図10　マツダ同期電動機

図11　マツダ標準親時計

おそれがなく、これが標準時計となる重要な要素である。

「単電動機式マツダ電気時計」は、自起動式マツダ同期モータ一個を用い、正確な歯車の回転によって、周波数の調整に応じて指針を動かす指し時のきわめて正確なものである。万一停電のあった場合には、自動的に直ちに赤色の表示が現れて停電のあったことを示す。

「普及型マツダ電気時計」は、H型モータ（二ワット）を使用して厚さを薄くし、少し安く製作した。（図12）

「複電動機式マツダ電気時計」は、二個のマツダ同期モータを取り付けたもので、一個はノーマル・モータと称して常時指針を定期の速度で回転し、停電などのための遅れを取り戻すにはほかのリセット・モータを働かせ同一の指針を九倍の速さで回転させる。すなわち、二個が同時に働けば指針を正規の十倍の速さで回転させることができる構造となっている。（図13）

ほかには、「時打式マツダ電気時計」、十五分ごとにチャイムを報ずる「四点鐘打マツダ電気時計」、「眼覚マツダ電気時計」、学校・工場などで時報を自動的に鳴らす「マツダ時報時計」、「置時計」、「ス

図12　普及型マツダ電気時計

図13　複電動機式マツダ電気時計

タンド置時計」がある。（図14〜19）

また、「マツダセレクトスイッチ電気時計」という便利な時計が製作された。この時計は、文字盤の外側に四十八本の鍵があって、望みの時間に相当する鍵を前方に引き出し、文字盤下のスイッチを「自」のほうに入れておけば、ラジオ、スタンド、扇風機その他家庭用小形電気器具類は、その時間になれば自動的にスイッチが入る。また、鍵は一本が十五分なので二本引き出しておけば三十分スイッチが入り、その後は自動的に切れる。（図20）

なお、『朝日科学』（一九六一年十一月号）、「台所が電化するまで」（山田正吾）の記事に、戦前の電気時計の販売推移が記載されている。（表1）

図16　眼覚マツダ電気時計

図14　時打式マツダ電気時計

図17　マツダ時報時計

図15　四点鐘打マツダ電気時計

●正確な電気時計

一九五七（昭和三十二）年発行の『家庭電器読本』（日本電機工業会）による、電気時計の分類。

①電池時計
②電気動力でゼンマイを巻く機械時計
③親時計で子時計を働かす直流時計
④交流時計（ワーレンモータによるもの）
⑤修正時計

図 18　置時計

図 19　スタンド置時計

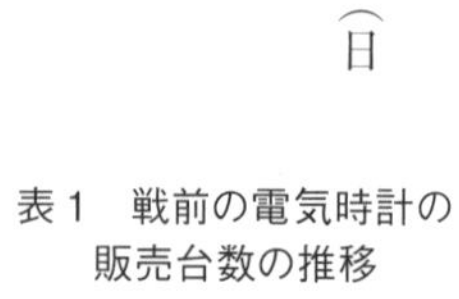

表 1　戦前の電気時計の販売台数の推移

年	販売台数
1931（昭6）	600
1932（昭7）	6 000
1933（昭8）	13 000
1934（昭9）	33 000
1935（昭10）	50 000
1936（昭11）	120 000
1937（昭12）	135 000

出典：『朝日科学』1961.11

図 20　マツダセレクトスイッチ電気時計

その他の電気時計とタイマーを組み合わせたもの、およびタイマーとしての利用は次のとおり。

◎時計付きラジオ
◎洗濯機の洗濯時間調節用のタイマー
◎電気調理器の調理時間調節用のタイマー
◎その他タイムレコーダー、信号装置、広告装置、自動調整装置など

昭和三十年代に入り、やっと多くの家電製品にタイマーが取り付けられるようになった。

家庭用の電気時計は、供給電力のサイクル数で回転数が決まるワーレン・モータ（同期電動機）を用いたものである。発電所が厳密にサイクルを調整してくれる、正確で、安価な時計である。

ゼンマイの代わりに電池を用い、電磁石で振動を保つものがある。乾電池一個で、一年〜一・五年も動き、非常に正確である。

戦後、この方式でよいものが続々生産された。電池時計のなかには、モータを用いるもの、電磁石式のもの、振り子を用いるもの、テンプ（調速機構）を動かすものなどがあり、トランジスターを用いて電気接点をなくしたものが開発された。（図21）

図21　電池式時計

第8章　電気竈（かまど）

わが国では、縄文時代後期から「かまど」でご飯を炊いてきた。全国で古墳時代のかまど跡から甕（かめ）、甑（こしき）、土鍋、鼎（かなえ）、須恵器（すえき）などが数多く出土している。これらのご飯を炊く器は、米とともに主に中国や朝鮮半島から伝来してきたようだ。平安末期から中世に入り、鉄器や陶器が普及するなかで、釜に鍔（つば）を巻いた日本独自の「羽釜（はがま）」が出現した。釜がかまどにすっぽりと入り込むのを防いでいる。（図1）

江戸時代には羽釜に分厚いフタを乗せるようになり、おいしいご飯の炊き方が定着した。

「ご飯を炊く」という作業は、古来主婦の仕事とされ、誰よりも朝早く起きてかまどにわらや薪（たきぎ）をくべ「飯炊き」作業をした。

●日本人が発明した生活家電

大正初期に、外国から輸入された電気調理機器は「割烹器」と呼ばれ、「電気七輪」「電気レーンジ」「電気トースター」「パーコレータ」「電気湯沸し」などがあった。

当然のことながら、日本古来の竈（かまど）をどうするかと考えた人がいたことだろう。電気七輪の上に羽釜を置き、炊飯してもうまく炊けない。そこで、周囲に胴を巻いて熱が逃げないようにし、羽釜の底が落ち着くようにヒーター（ニクロム線）面を凹ますなどと考えた。そして誕生したのが「電気竈」や「万能電気竈」である。

一九二二（大正十一）年、『芝浦レヴュー』十二月号では、家庭用電熱器の実例として「電気七輪」「電気竈」「電気トースター」を紹介している。このころ、すでにパンが売られていたということだ。

家庭電気普及会編『実用電気便覧』一九二九（昭和四）年増補版には「割烹器」と記されている。また、一九三四年発行の関重広『家庭電気読本』（新光社）では、「炊事器（すいじき）」と記している。

電気でご飯を炊く道具（その後の電気釜、炊飯器）のことは、「電気カマド」「電気かまど」「電気竈」「飯炊竈」「飯炊釜」「電気飯焚釜（めしたき）」「飯炊器」

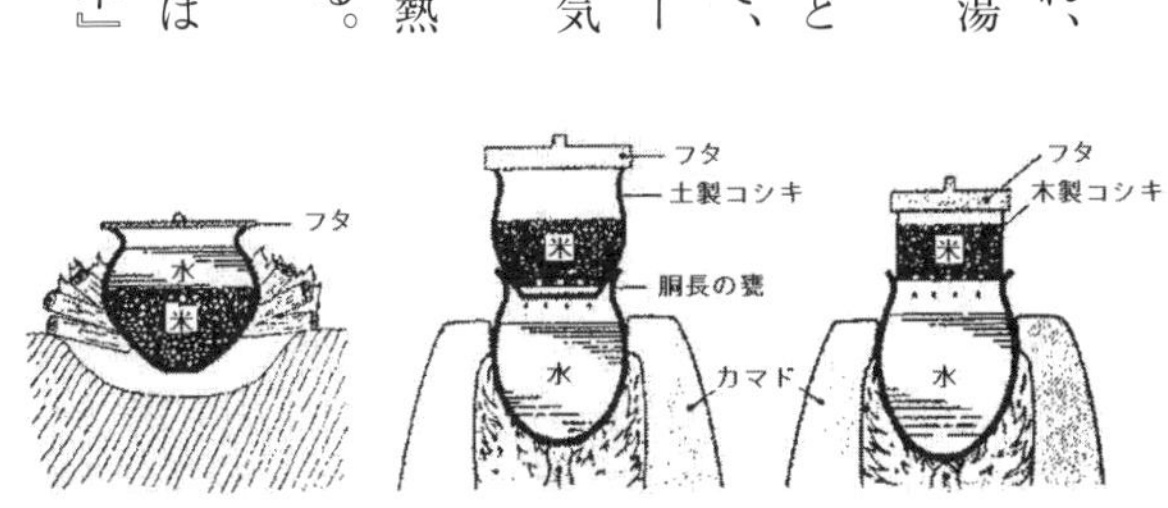

図１　古代の米の調理法（十日町市博物館）

表1　初期の小物家電（芝浦製作所）

1915	大正4年10月 1日	電気扇、電熱器等家庭用品の大量製作を開始す。	芝浦65年史
1918	大正7年3月	電気博覧会に特設間を設け、代表的製品を出品す。	芝浦65年史
1922	大正11年12月	電気竈と電気七輪の解説「家庭と電熱」と広告	芝浦レヴュー
1925	大正14年7月	電気七輪の広告	芝浦レヴュー
1927	昭和2年10月	「新型家庭用電熱器具」に万能電気かまど（1.2kW、1升炊き（の紹介記事	芝浦レヴュー
1928	昭和3年9月 14日	今後5年間、内外電熱器株式会社製品と同等品を海外から輸入しないこと。 角型七輪、万能七輪、電気飯焚器、軽便炊事器など暖房機を含め35機種	社内通達 （内通）

表2　初期の小物家電（東京電気（株））

1926	大正15年11月 19日	「家庭電気展覧会」長野電燈（株）主催　電気竈、電気七輪、万能七輪など出品	マツダ新報
1927	昭和2年7月	ベスト電熱器,ベストアイロンの広告記事（製造は日本電熱器製造（株）:NDK）	マツダ通信
1927	昭和2年	家庭用電気機械器具および配線機材などを、海外より仕入れこれを転売する。	東京電気 50年史
1927	昭和2年6月	芝浦製作所の製品を転売する。（東芝科学館に所蔵）	マツダ新報
1928	昭和3年3月 25日	G･E会社製電気冷蔵機、真空掃除機、自動電気アイロン機等、各種家庭用電気機械器具および工具の転売を行う。	東京電気 50年史
		芝浦製作所製の電気扇、電気アイロン、各種電熱器、各種家庭用小型電動機の転売を行う。	東京電気 50年史
1928	昭和3年10月	内外電熱会社電気ストーブ類を採用し、安価に提供できる体制を整えた。	マツダ新報

「電化釜」などと呼ばれて、名称が定まっていない。

わが国では、芝浦製作所と、後に同社と合併する東京電気（株）が、最も早く家電製品の大量製造や販売に乗り出した（表1・2）。芝浦製作所の社史や『芝浦レヴュー』、東京電気（株）の社史や『マツダ新報』などに記録がある。

これらの文献から推測すれば、一九一五（大正四）年には「電熱器等」（電熱割烹器、電気暖房機器など）が生産・販売されたということだ。しかし、残念ながら大正四年製の芝浦製の機種名、仕様、写真などは見当たらない。

初期の電気かまどの写真は、一九二二年『芝浦レヴュー』十二月号の論文「家庭と電熱」（石川頼次）のものである。この論文では二号機（二升炊き、ヒータ二キロワット）の電気かまどの解説と、一号機（一升炊き、ヒータ一キロワット）の広告が出ている。（図2・3）

芝浦製作所は、小物家電製品の中で扇風機は自製していたが、それ以外の電熱調理機器と電気暖房機器などは、内外電熱器（株）などに製作させて、芝浦ブランドで販売していた。芝浦製

図2　電気かまど

芝浦家庭
電氣かまど
（一升炊）
1キロワット
100ヴオルト
芝浦製作所

図3　電気かまどの広告

作所が、内外電熱器（株）に資本投入していたかどうかは不明である。一九二七（昭和二）年には、芝浦製電気かまど一号（型名DK－1、一升炊き、ヒーター一キロワット）および二号（型名DK－2、二升炊き、ヒーター二キロワット）が売り出された。（**図4・5**）

炊事用器具もいろいろあるが、最も重要なのは電気カマドである。また、燃料としては、炭火やガスがあるが、電熱器具を使えば、臭気や有毒ガスが発生しないので、清潔かつ衛生的である。

この一号機の現品が東芝未来科学館（川崎市）に所蔵されている。この電気かまどは、わが国で現存しているもっとも古いものと思われる。

東京電気（株）は、小物家電製品を当初は日本電熱器製造（株）から調達していた。しかし、東京電気（株）が芝浦製作所製品を転売しはじめた一九二八年ごろから、小物商品の一部を内外電熱器（株）からの調達に変えている。

図4　芝浦製電気かまど1号

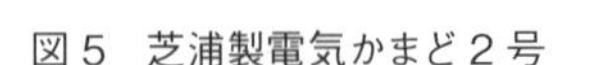

図5　芝浦製電気かまど2号

●オール電化の家

『京都電燈株式会社五十年史』によれば、炊事の家庭電化は、一九二〇（大正九）年、京都市・井上亀之助氏邸のオール電化にはじまったといい、飯焚器の写真が出ている。電気容量は三・三キロワット、自動開閉装置時計やパネルはウエスティングハウス製であった。（図6）

図6　井上邸の電気飯焚器

飯焚器は、大阪南区の合資会社ウキタ電気営業所（代表者、浮田仙太郎）が製作したとある。この会社は「電気機械器具博覧会工事」の会社であった。飯焚器は胴を鉄板で巻いた手作りであったようだ。

一九二二年山本忠興の「オール電化の家」には、家電製品であふれていたという。写真があるが電気竈は見当たらない。一方、一九二四年、田園調布にできた「電気ホーム」には、電気竈が展示されていた。

後に、一九二八（昭和三）年十一月二十六日、照明学校（東京電気（株））における山本の講演会で、「オール電化の家では、電気オーブンでご飯を炊くことを試みた」と証言している。

これらの情報から推察すると、大正末期に日本独自の羽釜を電気で炊飯できるように工夫をはじめたものの、手作りの域を出ていなかったのだろう。

一九二七年『芝浦レヴュー』十月号には、「万能電気カマド」の詳しい紹介がある。（図7）

万能電気カマドというのは、カマドとしてご飯を炊いたり、七輪としてものを煮たりと、どちらの用途でも使える。芝浦製作所製の万能電気カマド（電気容量一・二キロワット）は、正味一升のご飯を炊くことができる。その構造は、下が七輪となっており、中央部の太鼓胴と、上部の鍔の三部品から成り立っている。七輪として使うときは、胴と鍔を取り外して鍋をかける。ご飯を炊くときは胴と鍔をのせ、釜を胴へすっぽり嵌めて使う。

図7　万能電気カマド

【特徴】

①通常ご飯が炊きあがる（沸騰して噴いてきたら）と、スイッチを切って十五〜二十分放置する。よく蒸れたらおいしいご飯ができ上がる。

②ご飯を炊いた後すぐに七輪を使いたいときは、カマドと胴を同時に持ち上げて保温（むらし）ができる。太鼓胴は二重であり、よく保温できる。続けて、七輪で味噌汁など別の料理を行うことができる。

③電気カマドは、かまど（これまでの小枝や藁を燃やす方法）に比べ、清潔で衛生的である。また、噴き上がらない（おねばを流さない）ので米の栄養分が失われることがなくおいしい。

④　熱板は皿のように凹んでいるので、鍋底が多少凸凹でも能率よく使える。
⑤　火加減二段切り替え式で、小型の鍋も使える。

●家庭電気展覧会

家電製品の普及に向けて、各地で催しが開かれていた。一九二五（大正十五）年十一月十九日～二十三日（五日間）、長野で開催された「家庭電気展覧会」の様子をのぞいてみよう。

主催は、長野電燈（株）で、家庭電気普及会が後援している。場所は、信濃毎日新聞社の三階である。家庭電気普及会の内容はわからないが、この展示会に出品していた企業は**表３**のとおり。

時代の要求である家庭電化は、いよいよ実行の時期に至った。

会場では、各種家電製品の実演と、家庭電化の講演、面白い映画の上映など無料で公開した。中でも注目されたのは家族構成が三名の場合、五名、十名の場合の電化調理機器の使用事例である。（**図８～10**）

三～四名（夫婦と子供）の場合は、一升炊き電気竈が標準であると推薦している。これ一台で、ご飯を炊いた後、味噌汁、湯沸

表3　家庭電気展覧会出展企業

出展企業名	出展商品と実演状況
長野電燈(株)	家庭電熱器、暖房用電熱器、自動洗濯器等
東京電気(株)	特殊な電球花笠スタンド、ラジオ等
芝浦製作所	家庭電熱器類
三菱電機(株)	家庭電熱器類
川北電気企業社	家庭電熱器類
三井物産(株)	農業用電気器具等

しと次々入れ替えてまかなえる。

電気竈が一台、三十二円、取付け費用が十五円、電気代が一ヶ月約七円かかるという。その他の機器の値段は、自動洗濯機がモータつきで一七八円、シガーライター八円五十銭、電気湿潤器（加湿器のこと）が七円五十銭、電気アイロンが八円五十銭、電気反射ストーブ（五〇〇ワット）が二十五円であった。

電気展の写真を見ると、机の上で電気竈、電気オーブン、万能七輪、電気七輪が実演されている。当時、一般家庭の電気事情が十分でなく、電熱器などの電気容量を六〇〇ワットまでに抑えるように注意している。

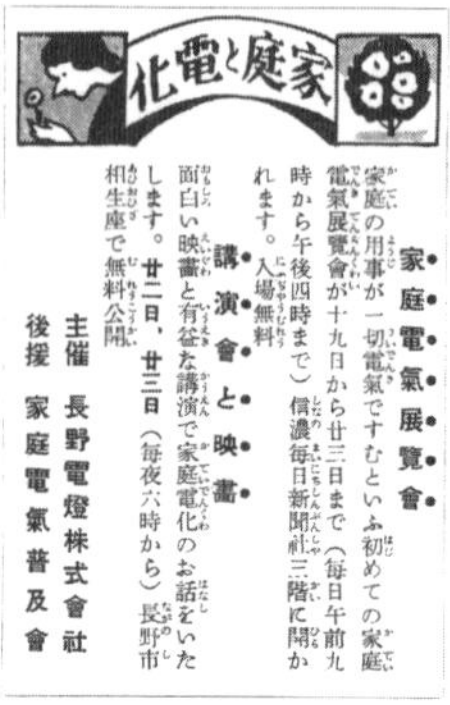

家庭と電化
家庭電氣展覽會
家庭の用事が一切電氣ですむといふ初めての家庭電氣展覽會が十九日から廿三日まで（毎日午前九時から午後四時まで）信濃毎日新聞社三階に開かれます。入場無料
講演會と映畫
面白い映畫と有益な講演で家庭電化のお話をいたします。廿二日、廿三日（毎夜六時から）長野市相生座で無料公開
主催　長野電燈株式會社
後援　家庭電氣普及會

図８　家庭電気展覧会の案内ポスター

家庭電氣展の賑ひ
大正十五年十一月十九日より廿三日迄五日間
長野電燈會社樓上に開催　一日の見物人無慮四千人に及ぶ

図９　展覧会会場の写真

飯炊釜
普通の七輪
万能シチリン

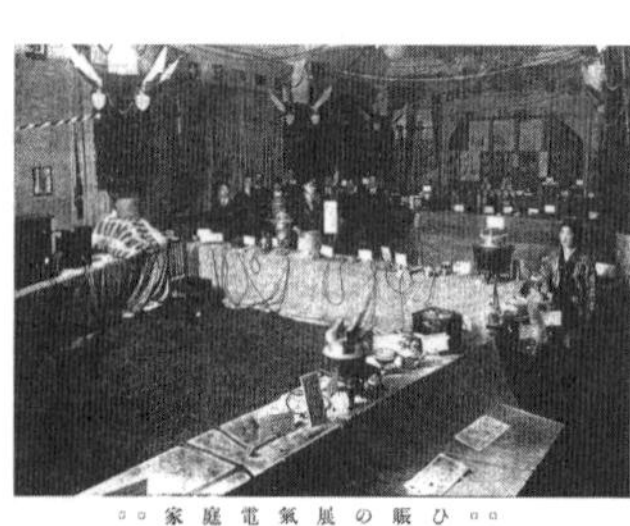

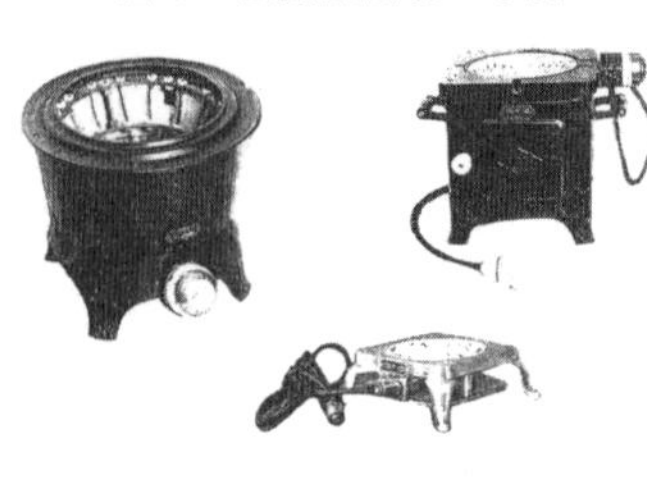

図10　調理機器の展示品

●製造を一手に受ける内外電熱器

芝浦製作所が、電熱機器のＯＥＭ（注1）先として長く製造委託していた内外電熱器（株）は、三井物産（株）とも連携していた。

一九二八（昭和三）年ころの内外電熱器（株）発行のカタログには電気飯焚器の写真があり一・五升～一斗炊きまで六機種を製造していた。図11の右は五升炊き（五・五キロワット）、左は一・五升炊き（二キロワット）である。直径はそれぞれ六二〇ミリ、三六〇ミリとずいぶん大きい。このカタログの商品販売は三井物産（株）である。

また、内外電熱器（株）は芝浦製作所の大株主であったアメリカＧＥ社から、日本におけるシーズ線の製造を唯一委託されていた。内外電熱器（株）は、そのシーズ線の応用機器として、各種電熱機器を製作していた（図12）。それら電熱機器の一部は、芝浦製作所から委託を受けたＯＥＭであった。内外電熱器（株）が製作していた電熱機器は、一般家庭用五十機種、ほかに電気ストーブが二十機種、電

図11　電気飯焚器

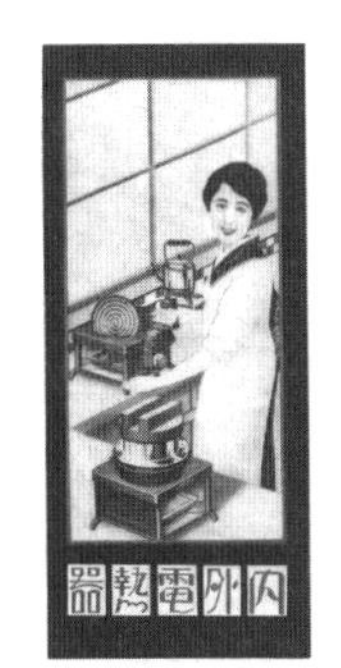

図12　内外電熱器（株）カタログ

気暖房機が七機種、業務用が十七機種と多岐にわたった。

一九二八年九月時点で、芝浦製作所が内外電熱器（株）から調達していたのは**表4**の調理機器（アイロン、コテ、菓子焼器を含む）二十機種と、暖房機器十五機種、計三十五機種であった。

この時代にしては、電気調理機器の種類が多いのに驚く。

いずれにしても、昭和初期までの電気竈の製造は外部企業に委託（OEM調達）し、やがて販売規模が増えてくると、一九三六（昭和十一）年四月に、芝浦製作所と、東京電気（株）が共同で家電専門に製造・販売する「大井電気工業（株）」を設立した。一年後に、会社名は「芝浦マツダ工業（株）」に変更した。

一九四二年、芝浦製作所と、東京電気（株）が合併して（株）東芝となり、芝浦マツダ工業（株）は

表4　芝浦製作所がOEM調達した電熱調理機器など

No.	商品名	No.	商品名
1	B号角型七輪	11	シーズ線式湯沸器（取付B）
2	飯焚兼用角型七輪	12	万能炊飯七輪
3	電気スキ焼器	13	裁縫コテ
4	A型、B型万能七輪	14	電気アイロン
5	電気飯焚器	15	乾燥用電熱器
6	箱型組合式飯焚器	16	天麩羅揚電熱器
7	軽便炊事器	17	カステーラ焼電熱器
8	電気湯沸器	18	菓子焼器
9	シーズ線式湯沸器（投込）	19	裁縫コテ焼燻
10	シーズ線式湯沸器（取付A）	20	栗饅頭焼電熱器

吸収されて、家電製造・販売する一部門になった。

●昭和三十年まで普及しなかった

戦後、一九四五（昭和二十）年十二月、日本政府は進駐軍の家族向けに一・二万戸の住宅建設を命ぜられた。各戸に必要な什器類（日常使用する器具・家具類）の生産も指示され、その中に家電製品も多く含まれていた。

ところが、電気釜はわずか八台（三菱電機製）の注文であった（**図13**）。もちろん当時は自動スイッチのないものだ。進駐軍は米食ではないので、雇われていた日本人のためのものかもしれない。

一九五五年、（株）東芝が世界初の自動式電気釜を発売し、急速に普及していった。（**図14**）

（注１）オー・イー・エム供給（ＯＥＭ：Original Equipment Manufacturing）：会社（一般に販売側のブランド企業）の設計仕様、デザイン、価格などを提示し、相手企業（一般に製造技術を持つ中堅企業）に製作してもらい供給を受けること。

図13　三菱電気釜

図14　東芝自動式電気釜

第9章　電気調理機器

明治以降、外国から輸入された電気調理機器には、「電気七輪（電熱器）」「電気レーンジ（電気オーブン）」「トースター」「パーコレータ」「電気湯沸し」など多数ある。

電気で煮炊きする道具（現在の調理機器）のことを、家庭電気普及会編『実用電気便覧』（一九二七（昭和二）年、一九二九年増補）では「割烹器（かっぽうき）」と記されている。また、一九三四年発行の関重広『家庭電気読本』（新光社）では、「炊事器（すいじき）」と記されている。

●わが国で製作はじまる

わが国では、芝浦製作所と東京電気（株）が、早くから家電製品の製作や販売に乗り出していた。

一九一八（大正七）年の電気博覧会には、芝浦製作所が代表的な商品を出品した（**図1**）。一九二六（昭和元）年の家庭電気展覧会には、東京電気（株）が電気かまど、電気七輪、万能七輪など多くの家電製品を出品していた。

芝浦製作所の石川頼次は、一九二二（大正十一）年『芝浦レヴュー』十二月号に、燃料問題、労力節約、衛生、経済についての諸問題を解決するには、家庭を電化すること、特に電熱器を利用することが大切であると述べている。（図２）

そのころ薪炭材の需要が年々二倍の勢いで増加しており、数年後には供給力を失う可能性があった。石油は、国内の産出量が微々たるものであり、この燃料不足を補うことはできず、石炭も埋蔵量から推測して約六十年で掘り尽されてしまうであろうとされていた。わが国では、水力発電による電熱を利用すれば燃料問題は解決すると考えられた。

家庭における主婦の日常をみると、食事の世話、掃除、洗濯、裁縫、来客の接待などに忙殺されており、子供の教育や自身の修養に時間が得られなかった。家庭の電化は、労力節約になり、マッチをする必要もなく、飯炊きの火加減は簡単になり、湯は自動で沸き、鍋や釜の底は

図１　芝浦万能七輪

図２　芝浦レヴュー表紙

汚れないから洗う手間も要らない。衛生上からは、電熱器などを使うとガスや炭火の問題点（酸素の減少、炭酸ガスの増加、臭い、塵）がなくなり安全である。各種の燃料について理論上の発熱量と、実際に米一升を炊くに必要な燃料費を比較している。（表1）

電熱器の燃料費は、まだ安値ではないものの、将来安くなることを暗示している。

【電気七輪】（電熱器）

電気七輪には、発熱体が覆われたシーズヒーターと、露出したニクロム線がある。シーズヒーターは熱板と鍋底を密着したほうが熱効率がよく、ニクロム線は鍋底に少し凹凸があっても熱効率は変わらない。（図3）

一キロワットの電気七輪は、一升の水を約二十分で沸騰させる。続けて使用すると七輪が加熱された後なので十五分程度で沸騰する。

【電気トースター】

電気トースターは五五〇ワットで、焼き網の両側にパンを載せて電気を通すと、発熱体が赤熱してパンはすぐ焼ける。焼けたパンは上蓋の上に乗せて置けばいつまでも冷えない。（図4）

表1　米一升を炊くに要する燃料

燃料の種類	燃料量	燃料費(銭)
家庭用無煙炭	0.7斤	1.4
瓦斯（ガス）	6.8立方尺	2.0
電気	0.4キロワット時	2.0
薪（たきぎ）	128匁	2.6
木炭	68匁	4.1

1斤（きん）：160匁：600グラム、1匁（もんめ）：3.75グラム、
1尺（しゃく）：18ミリリットル、1キロワット時　全国平均5銭

一キロワット時五銭として二十分間使用してもわずかに一銭である。

〔その他の機器〕

電気熨斗（のし）（電気アイロン）、電気ストーブ、電気ふとんなど多くの機器がある。

また、同誌には電気かまどと、電気七輪（一キロワット、大きさ八インチ）の広告が出ている。（図5）

芝浦製作所は、扇風機は自製していたが、それ以外の電熱調理機器と電気暖房機器など小物家電製品は、順次内外電熱器（株）に製作を委託し、芝浦ブランドで販売していた。

図3　電気七輪

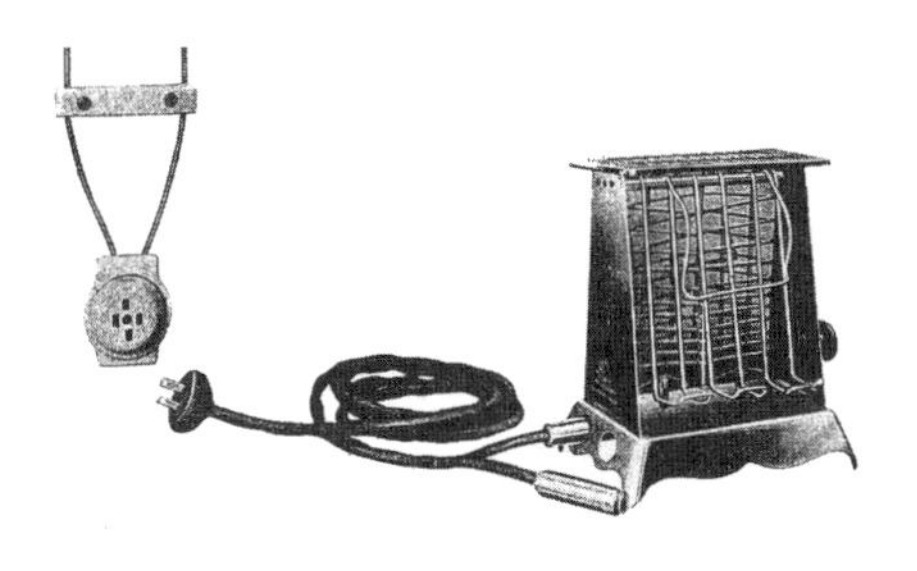

図4　電気トースター

電氣器具
電氣七輪
（八吋）
1キロワット
100ヴォルト
同銀座陳列所

図5　芝浦電気七輪の広告

●販売をはじめる

当初輸入販売からスタートした東京電気（株）は、小物家電製品は日本電熱器製造（株）から調達していた。しかし、一九二八（昭和三）年ころから、芝浦製作所製品の転売をはじめ、小物家電商品は内外電熱器（株）から直接調達するようになった。

『マツダ新報』一九二七（昭和二）年六月号「電熱器のいろ々」に、電気かまどや、電気暖房器とともに、「電気調理器は、炭火やガスのように臭気や有毒ガスを発生しないので安心して使える」と紹介されている。製造元は芝浦製作所である。

【電気七輪】

芝浦製電気七輪（五〇〇ワットと一キロワット）。ほかに東電型電気七輪。

【電気レーンジ】（ホットポイント製）

料理を行うのに最も便利だが、やや高価。普通大型のものでは、左に二個の七輪を備え、右はオーブンになっている。内部には上下に電熱器がありカステーラ、ローストビーフや茶碗蒸しなどもできる。オーブンの扉を少し開けたまま上の電熱器を赤熱して使用すると、ビーフステーキや鯛の塩焼のようなあぶり焼きもできる。（図6）

【万能七輪】

電気レーンジの小型版。「文化七輪」とも呼ばれている。上部の発熱板

図6　電気レーンジ

は取りはずせるようになっていて、簡単に向きを変えられる。上向きでは、七輪として普通の煮炊きができ、下向きでは、天火として蒸し焼きができる。（図7）

『パーコレータ』（珈琲沸し器）

食堂や応接間の卓上で使うことができる。蓋にガラスが入れられ、沸かしたコーヒーの濃度を見ることができる。蓋は沸騰により落ちないように蝶番（ちょうつがい）がついている。底部には、安全スイッチが備えられ、一定の温度になると自動的に電流を遮断して過熱を防ぐ。（注1）（図8）

『電気トースター』

電熱を用いてパンを焼く。焦げる心配もなく、極めて食感のよいトーストが焼きあがる。その後、パンに手を触れずに自動的に裏返して、両面を焼くタイプも発売された。パーコレータと電気トースターがあれば、簡単な朝食が手軽にできる。（図9）

●小物商品の調達

一九二八（昭和三）年ころから、芝浦製作所が小物家電製品の調達先として選んでいたのは内外電熱器（株）であった。偶然、東京電気（株）

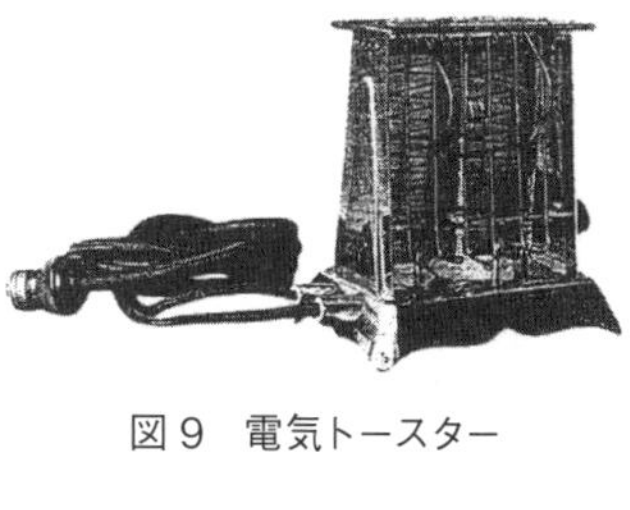

図9　電気トースター

図8　パーコレータ

図7　万能七輪

も調達先に指定した。
調達商品は、電熱機器、電気暖房器、その他を合わせると約一〇〇機種にもなった。商品の種類は現在に比べても遜色がない。（表2・図10〜14）

一九二九年増補版の家庭電気普及会編『実用電気便覧』などから、その他の「調理機器」を紹介する。

七輪には、開放型と密閉型との二種がある（図15）。開放型というのは、溝のある陶器盤に、電熱線をらせん状に巻き、はめ込んだもので、電気を通すと、電熱線が赤熱して炭火よりももっと強烈な色合いに輝く。

密閉型七輪というのは、電熱線を鉛筆大の鉄管内にいれ、石灰質の絶縁粉を硬くつめたものを曲げ、それを鋳込んだものである。このように鉄管内に鞘はめにしたものを「シーズヒー

図10　角型七輪

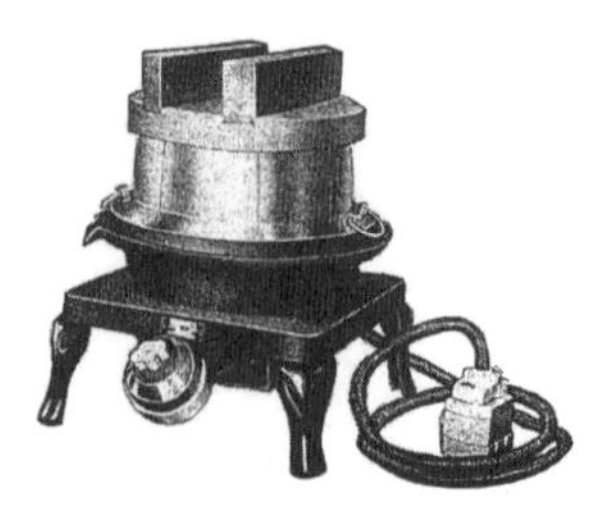

図11　飯焚兼用角型七輪

表2　電熱調理機器（内外電熱器（株）製）

No.	商品名
1	角型七輪
2	飯焚兼用角型七輪
3	電気スキ焼器
4	A、B型万能七輪
5	万能炊飯七輪
6	電気飯焚器
7	箱型組合式飯焚器
8	軽便炊事器
9	電気湯沸器
10	シーズ線式湯沸器

ター」といい、丈夫な発熱体を必要とする電熱器に使用されている。

「万能七輪」は、大正末期から昭和のはじめにかけて普及してきたもので、台所を合理化でき人気があった。（**図16**）

「電気かまど」は、七輪に太鼓胴の底や側面に電熱線を取り付けたもので、七輪と同様に電熱陶器盤を有する。胴は熱の保温のために二重になっていて、上端には取りはずし自在の「おねば受けの輪」がある。電気かまどで炊

図15　密閉型、開放型電気七輪

図12　電気スキ焼器

図16　万能七輪

図13　軽便炊事器

図17　電気レーンジ（島田製作所）

図14　電気湯沸器

いたご飯は、ほかのいかなる燃料で炊いたものより味がよくて、繰り返し焚いても失敗はない。「電気レーンジ」は洋風の台所に適合した調理器である。一個以上の七輪（ホットプレート）と、テンピ（オーブン）とを備えていることで、大小各種の形式があり、温度調節器や、タイマーなどを備えた高級品もある。（**図17**）

電気容量は、各個の七輪やテンピの電気容量の合計のことで、家族一人につき一キロワットが適当であった。

例えば、五人家族には五キロワットのレーンジがあるとよい。レーンジでは、テンピでご飯を焚くことができる。これは広いオーブンスペースへ、水と米を入れたアルミ鍋を入れておくと、大変よく炊ける。つまり熱が鍋全体を温めることになるからである。タイマーによる自動炊きもできる。

家庭で魚を焼くには、万能七輪のテンピか、レーンジのオーブンで行う。注意すべきは、七輪の上に魚を直接載せて焼かないこと。魚の油が火に落ちて煙となり、魚肉に悪臭を付け、室内の空気を汚し、壁や天井などを汚すことになる。

●朝食はおまかせ

一九三八（昭和十三）年三月、芝浦トースター（五〇〇ワット）、芝浦パーコレーター（五〇〇ワット）が発売された。（**図18・19**）

トースターの外部は、堅牢なクロームメッキ仕上げで美しくできている。両側の蓋を開いて適当な厚さに切ったパンを入れて蓋を閉めてスイッチを入れると、一分半か二分でパンの内側が程よく焼ける。蓋を十分に開くと、パンは蓋の上をすべってくるりと裏返しになるので、パンに手を触れることなく両面を焼くことができる。パンの厚さは一斤を六枚ないし八枚に切った程度が適当である。

パーコレータは、二個のガラス容器からなり、上の容器にカップ数に合わせたコーヒーの粉を入れる。上の容器の下部にガラスパイプがあり、下方にわずかにすきまがある。下の容器に、人数のメモリに合わせて温水を入れ、上下ガラス管のパッキンでぴたりと密閉する。スイッチを入れるとヒーターが加熱し、数分後に沸騰しはじめ、同時に内圧がかかり湯はパイプを上昇し、上部ガラス管のコーヒーと混合し、コーヒーが抽出される。スイッチを切ると、下の容器が冷えて圧力がなくなり、コーヒー液は下降する。

●懐しの調理機器

一九五三（昭和二十八）年十一月、当時の（株）東芝のカタ

図18　芝浦トースター

図19　芝浦パーコレーター

ログを見ると、調理機器は電気コンロ、トースター、ミキサー、コーヒーポット、パーコレータ、ボイルクッカー（たまご蒸し器）の六品種のみ。わが国初のボイルクッカー（八九〇円）は、戦後の混乱もようやく落ち着いたころの、どこかホッとさせる商品であった。（図20）

（注1）　パーコレータは、電気の発見前一八一四年にアメリカのカウント　ラムフォード（Count Rumford）により発明されていた。サイフォンの原理は、一八四一年、フランスのヴァシュー夫人が、特許を取得したものである。現在のパーコレータの元は、一八八九年八月、アメリカ、イリノイ州のハンソン・グッドリッチ（Hanson Goodrich）が、特許を取得した。

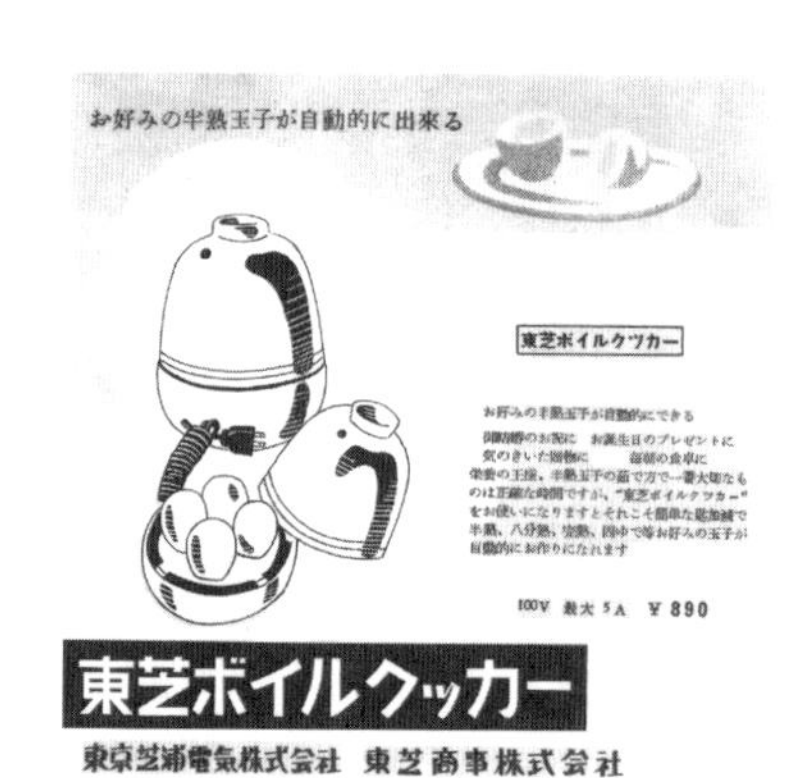

図20　東芝ボイルクッカー

第10章　電気掃除機

人が生活をすると、住まいにはホコリやゴミが溜まる。古来、日本家屋は開放的で、障子や唐紙（からかみ）などを開け放つと、簡単に屋外へ塵を吐き出せた。掃除は、「はたき」でホコリを落とし、「箒（ほうき）」で掃き、縁側から庭などに掃き落とすか、「ちりとり」で受けて、最後に「雑巾」がけをした。（図1）

はたきは、古い衣類を縦に裂いて束ねて細い竹の先に結わえたもので、長押や障子の桟などのホコリをはらう。

畳や板の間は、草ぼうきで掃き、土間や庭に掃き落とす。土間や庭は、シュロか竹あるいはホウキグサを束ねたものを使

図1　ほうきで掃き出す

う。場所により、ゴミやホコリをちりとりに集める。

　商家や町家では、毎朝欠かさず掃除したが、農家は必ずしも毎日ではなかったようだ。

●電気掃除機の発明

　一八一一年、イギリスのジェームス・ヒュームが掃除機の特許を取得した。

　一九〇一年、イギリスのヒューバート・C・ブースが電気真空掃除機を発明した。「バキューム・クリーナー」と命名され、実際に電気で動かした。

　事業として成功したのは、アメリカのジェームス・M・スパングラーで、一九〇七年回転ブラシ付きの電気真空掃除機を発明し、従姉妹の夫であるW・H・フーバーに権利を売った。これがフーバー掃除機のはじまりだ。このころの電気真空掃除機は、電動送風機を高速回転させ内部の空気を遠心力で移動させることで低圧にし、ゴミや塵を吸引するアップライト（直立）型であった。（図2・3）

図2　J・M・スパングラー

図3　フーバー掃除機

一九一二年、ヨーロッパにおいてもスウエーデンのエレクトロラックス社が、タービン羽根内蔵の家庭用真空掃除機を開発した。

●電気掃除機の輸入

大正初期、わが国に電気掃除機が輸入された。

このころアメリカでは、生活レベルが向上する一方、人を雇うのは高くつくので、家庭の電化が著しく進んだ。一九二二年における、アメリカの電気掃除機の販売台数は八十万台で、翌年は一〇〇万台と予測されていた。

◇さまざまな輸入電気掃除機

一九二〇年代、電気真空掃除機は欧米諸国の家庭で最もよく使われている器具であった。電気真空掃除機は、英語で「エレクトリック・バキューム・クリーナ」といい、小さいモータで真空を作り本体から伸びている管の先からチリやホコリを吸い取り、袋の中に溜める。ホコリが飛び散らず、特に、じゅうたんを敷いた洋間の掃除には効果的である。(**図4・5**)

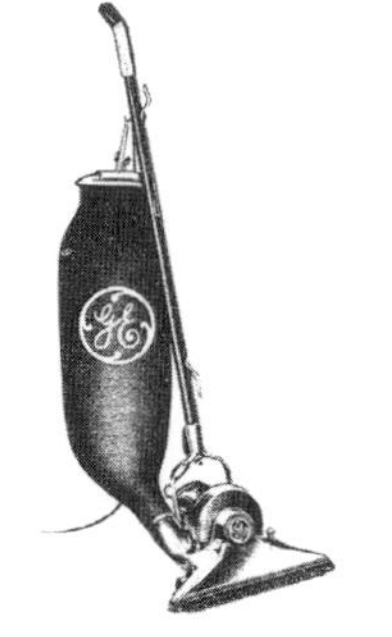

図4　GE真空掃除機

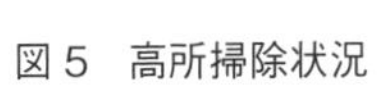

図5　高所掃除状況

当時、アメリカ・フィラデルフィア市における真空掃除機の普及率は、下流家庭七十四パーセント、中流家庭八十四パーセント、上流家庭七十六パーセント、アパートメント家庭六十九パーセントであった。

また、電気掃除機のほかには「自働電気床磨機」が開発された。刷子（ブラシ）の直径は十インチと十二インチ、速度は一分間に二二〇〇回転、交流、直流どちらでも取り付けられた。（図6・7）

【アップライト型掃除機】

一般に市場で見られたもの。吸込口を有するアルミニューム胴体に、モータが取り付けてあって、三個あるいは四個の車輪により、簡単に移動できる。これに三〜四尺の柄を取り付ける。その上端にスイッチがある。また、その柄には塵溜袋がついている。（約一〇〇円）（図8・9）

【肩掛け式掃除機】

掃除機の本体を皮ひもで肩からかけて使用する。ホースと柄と兼用の吸込口で、床も、カーペットも、カーテンも掃除できる。（約七十円）

図6　ケント電気床磨機

図7　床磨機の使用法

〖タンク式掃除機〗

塵埃を溜める車付きのタンクを金属で作り、その底面あるいは側方にモータと羽根とを付け、長いホースに吸込口を付けたもの。（一五〇〜二五〇円）（**図10**）

〖刷子（ブラシ）型掃除機〗

アップライト型の柄をごく短くし、全体を小型にしたもので、片手でブラシのように使うものである。（約四十円）

図11は、「マツダ新報」一九二九（昭和四）二月号に掲載された、GE真空掃除機の広告である。左は六十九号（大型）で一〇〇円、右は七十五号（小型：ジュニア）で九十円。広

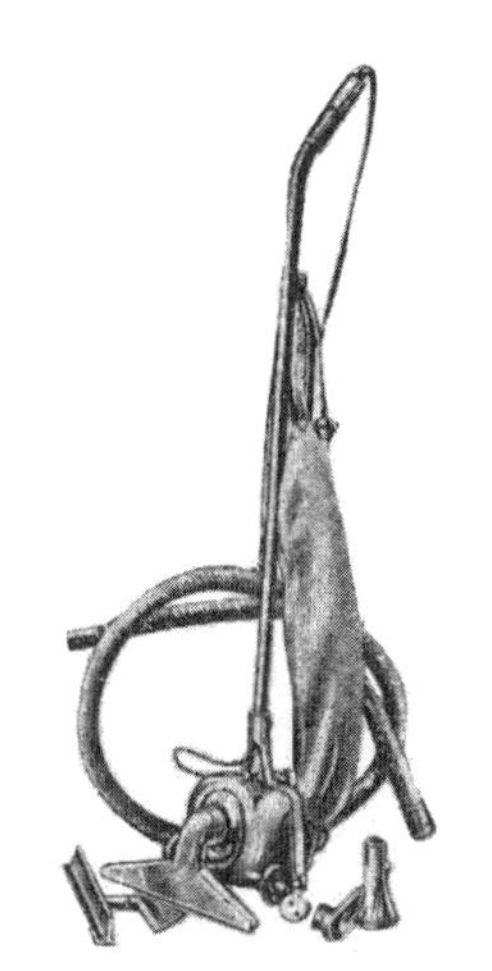

図8　ヴァンパイヤー箒型掃除機（大倉商事）

図9　プレミヤ箒型掃除機（三井物産）

図10　プロトス型電気吸塵器（富士電機製造）

告には「外観優美」「絶対に注油不要」「吸塵力強大」「長寿命」と製品の特徴が書かれている。

わが国には一九二七（昭和二）～一九二八年ころ三井物産（株）を通じて（株）東芝がＧＥ製品を扱った。その後、日本電気がウエスターン製品を、富士（電機）がドイツのシーメンス製品を扱った。ＧＥはアップライト型とポータブル型で、シーメンスはポット型であった。また、三菱もポット型を扱っていた。（図12～15）

●わが国で製作はじまる

一九三一（昭和六）年、芝浦製作所がＧＥ社製をモデルにしたアップライト型国産第一号のソーラーA型を発売した。

「ソーラー」は、「太陽」の意味で先に洗濯機で名付けた愛称と全く同じである。

価格は一一〇円で、当時の大卒初任給の二倍に

図11　GE真空掃除機の広告

図12　GE掃除機（東京電気）

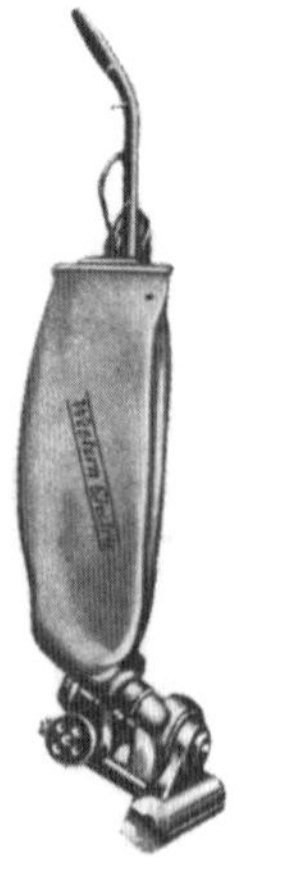
図13　ウエスターン掃除機（日本電気）

相当する。掃除機の吸込み用床ブラシとモータが一体化した先端部には走行車輪が付き、軽く手で押すだけで掃除ができるように工夫された。柄の角度も変えられる構造になっていた。

柄は木製で長さ八十九センチ、家の床上、天井が掃除できる。鴨居やソファーの下などは、金属製の七十五センチの延長管を使う。そのほか、二種類のブラシと、ゴム製の細口管も付いていた。

一九三六年、小池英太郎（大井電気・営業部）が、ソーラー電気掃除機について次のように解説している。

従来、制作販売されていたソーラーA型に加え、新たに発売したソーラーC型は、各方面から大きな期待をかけられている商品である。C型は手持ち用として小型に作られ、上部に取り付けられた取っ手により、電気アイロン同様に簡単に使えるものである。使用電気料金は一キロワット時十銭として一時間の使用電気料金わずかに七厘である。（図16〜22）

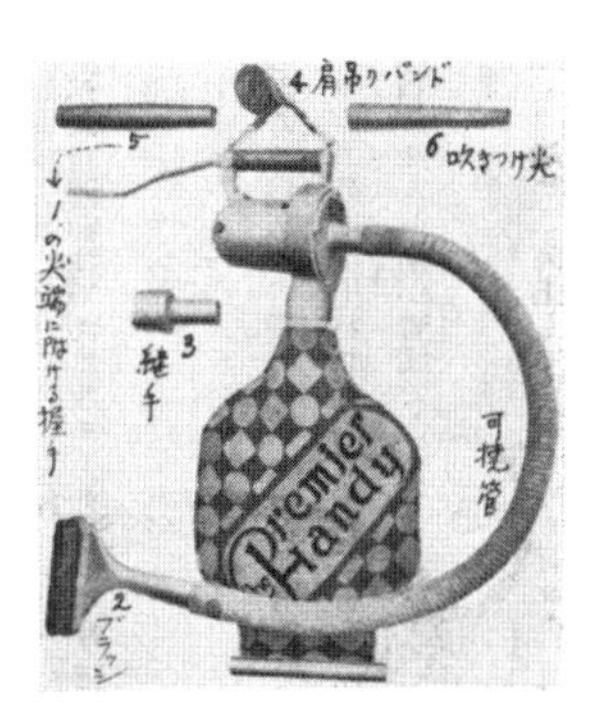

図14　プレミヤーハンディクリーナ（三井物産）

図15　フロア床磨機（東京電気）

図 17　ソーラー C 型
電気掃除機

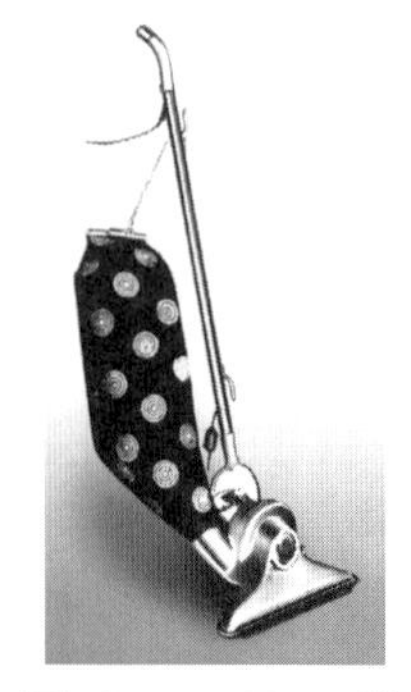

図 16　ソーラー A 型
電気掃除機

図 20　ソーラー C 型
の広告

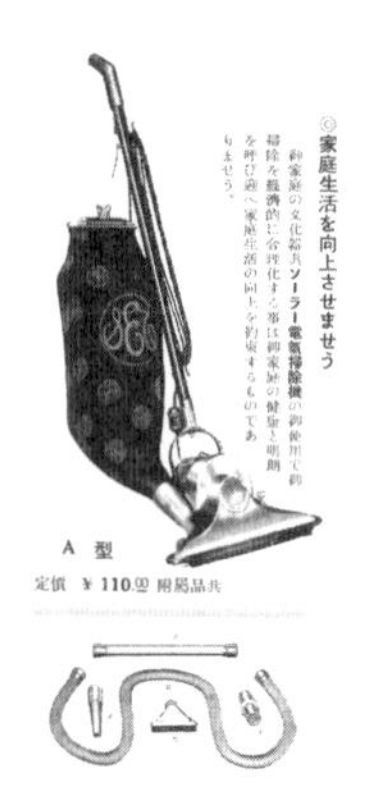

図 19　ソーラー A 型
の広告

図 18　ソーラー電気掃除機
のカタログの表紙

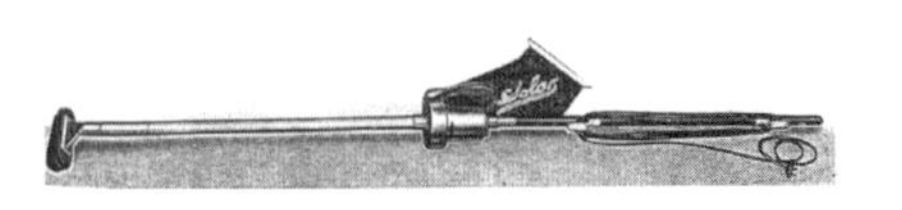

図 22　柄と延長管付き C 型

図 21　柄付き C 型

〔真空掃除機の特徴〕

①ホコリをたてることなく、衛生的である。

②冬など病室でも居間でも窓や障子を開く必要がない。

③表面のホコリばかりでなくクッション畳などは、その中のホコリも吸い取る。

●戦後シリンダ型・ポット型・タンク型の登場

一九四五（昭和二十）年十二月、日本政府は進駐軍の家族向け住宅の建設を命ぜられていた。二万戸の予定に変更があり、最終的には一・二万戸となった。多くの家電製品の生産も指示され、その中に電気掃除機も含まれていた。

一九四七年十二月、掃除機は神戸製鋼、日本電気精器、菅原電気、日本電熱工業、東芝の五社が受注し、注文数は一万一〇〇八台であった。

戦後一九四八年、㈱東芝はいち早くアップライト型のDC－A（一万二五〇〇円）を発売した。その後、一九五二年にシリンダ型VC－1（一万九五〇〇円）、一九五三年にVC－2、VC－3

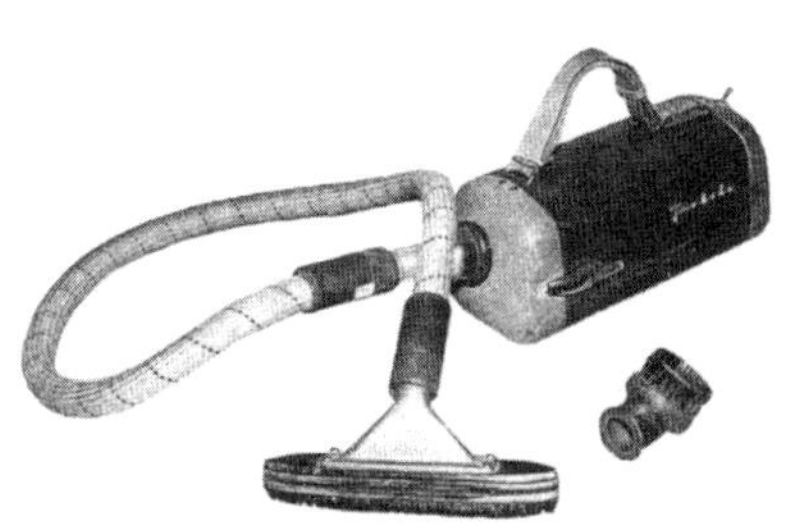

図23　東芝シリンダ型掃除機

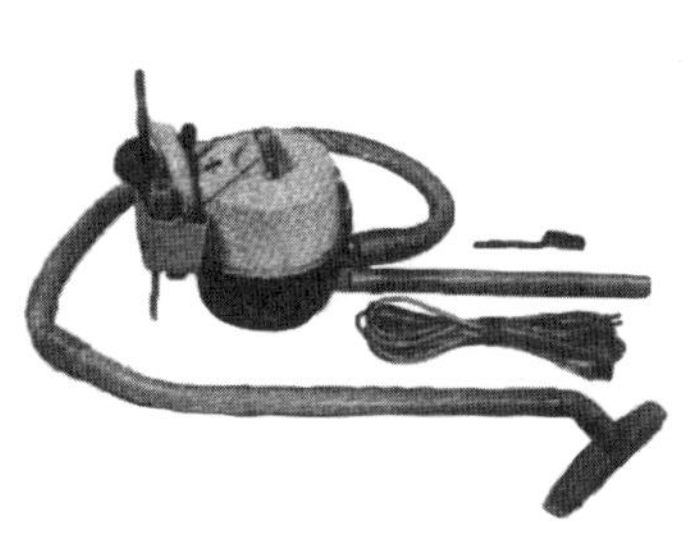

図24　日立ポット型掃除機

を続けて販売した。（図23）
ＶＣ－１は、当時販売されていたアメリカＧＥ社のＴＩＤＹ型によく似ている。
一九五四年ころから各社が参入し、ポット型、タンク型なども加わり活発化していった。この時期、輸入品もイギリス・フーバー、アメリカ・ＧＥ、ウエスティングハウス、リューイ、ユニバーサル、オランダのフィリップスなどの製品が販売された。これら輸入品にはゴミ用紙袋が添付されていた。
わが国では、一九五六年九月に（株）東芝のＶＣ－４がはじめてゴミ用紙袋を採用し、各社も順次採用した。ＶＣ－４は、はじめてのオールプラスチック製の掃除機であった。
一九五七年七月、日立がはじめてポット型掃除機ＣＶＣ－４Ｖ１、ＣＶＣ－４Ｖ２を発売した。ペダルスイッチ付きで、消音装置も付き、当時としては先端をいく掃除機であった。（図24）
このようにわが国の電気掃除機は、昭和三十年代半ばから本格的に普及しはじめた。（表1）

表1　戦後の電気掃除機の生産台数の推移

年	台　数
1946（昭21）	191
1947（昭22）	9 383
1948（昭23）	1 689
1949（昭24）	613
1950（昭25）	911
1951（昭26）	847
1952（昭27）	1 486
1953（昭28）	（6 000）
1954（昭29）	（10 000）
1955（昭30）	（16 000）
1956（昭31）	50 855
1957（昭32）	165 775
1958（昭33）	280 863
1959（昭34）	421 942
1960（昭35）	847 022

出典：日本電機工業会

第11章　電気洗濯機

砂埃や汗の汚れを洗うすなわち洗濯という作業は、人類が衣類を身にまといはじめるとともにはじまった。長い間、洗濯は手で行われ、やがて石や棒などの道具が使われるようになった。そして桶やたらいなどの容器を利用するようになった。

洗濯板の歴史は比較的新しく、一七九七年ヨーロッパで発明された。明治中期（一八〇〇年代後期）に日本に伝わり、たらいとともに大事な洗濯道具となった。（**図1**）

続いて、容器にかき回しの棒（ドリー）を取り付けるなどの工夫がされた手動の洗濯器が出現する。

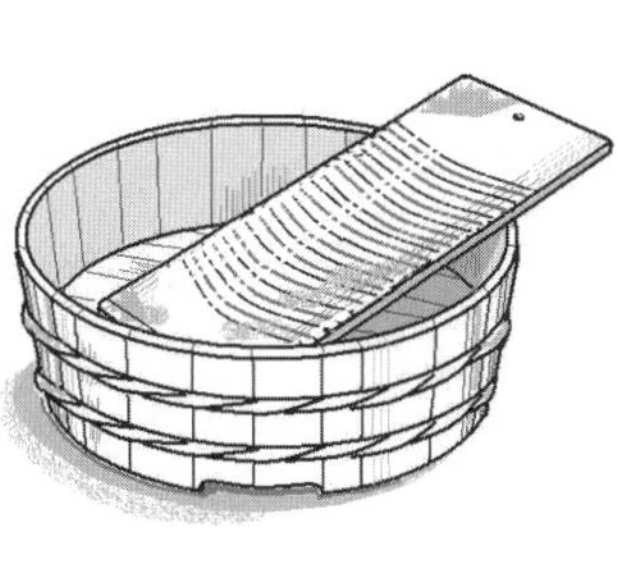

図１　たらいと洗濯板

●電気洗濯機の発明

一六九一年、世界初の手動洗濯機の特許がイギリスで取得された。

一八五一年、アメリカのジェームス・T・キングが手動の円筒型洗濯機を発明した。今日のドラム式洗濯機の元祖である。

一八六九年、アメリカのK・アレキサンダーらが手動の攪拌式洗濯機の特許を出願した。

日本では、一九〇六（明治三十九）年六月、奥山岩太郎が洗濯板を二枚重ねてレバーで動かす洗濯機の特許を取得した。

近代に入り、電気の発見によりモータが開発され、手動洗濯器は電気洗濯機へと発展した。

一九〇八年、アメリカのアルバ・ジョン・フィッシャーが世界初の電気洗濯機を発明し、ハレーマシン社がはじめて生産・販売したとされている。ソアーブランドの円筒型洗濯機である。（図2・3）

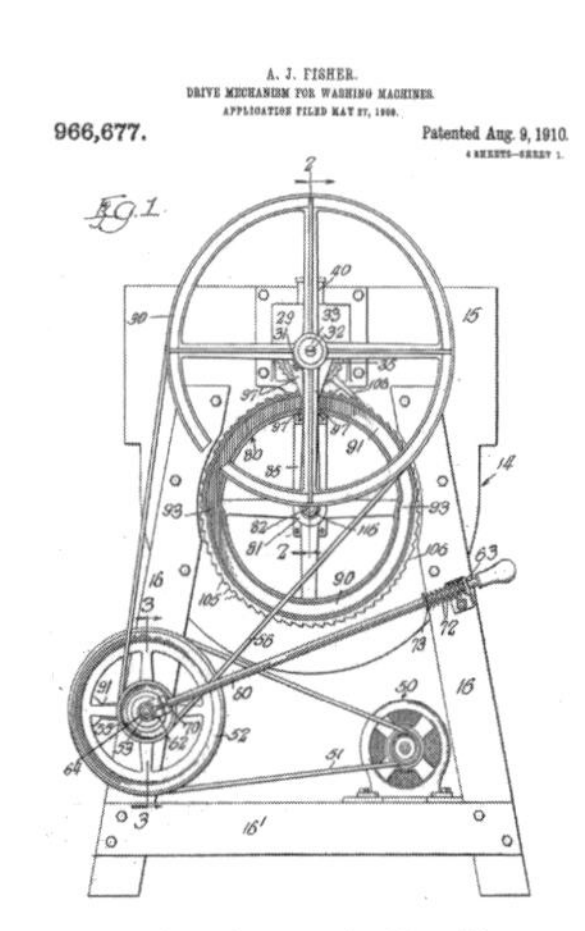

図２　世界初の電気洗濯機（ハレーマシン社特許公報）

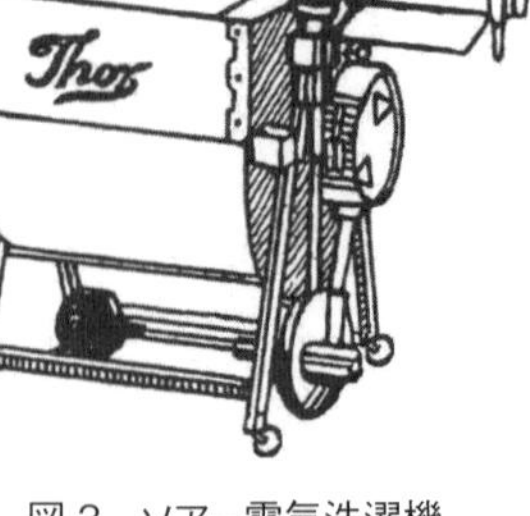

図３　ソアー電気洗濯機

一九二二年、アメリカのメイタグ社が攪拌式電気洗濯機を売り出し大成功する。

一九二七年、ハレーマシン社は各社から遅れて攪拌式電気洗濯機に参入した。

●輸入洗濯機の時代

わが国では、一九二二（大正十一）年、三井物産（株）によりはじめて電気洗濯機がアメリカから輸入された。

一九二七（昭和二）年、家電製品の輸入は三井物産（株）から東京電気（株）に受け継がれた。当時、わが国では、電気洗濯機はほとんど普及していなかったが、アメリカでは電気が利用できる家庭の三十パーセントが電気洗濯機を購入していた。

それらの電気洗濯機は、四分の一馬力の小型モータで運転するものであった。水に粉石鹸を投入しスイッチを入れると、モータが動き洗濯物を洗う。

代表的な電気洗濯機「ソアー」は、簡単な構造であった。（図4）

洗濯槽のなかに木製のシリンダー（攪拌筒）があり、シリンダーの三分の一まで水を入れてから洗剤と洗濯物を入れ、攪拌して洗うのである。

図4　ソアー電気洗濯機

このシリンダーは、歯車により減速されてゆっくりと回り、約十回転ごとに逆回転する。回転方向の転換は、自動的に行なわれ、洗濯物が絡まるのを防いでいる。

ソアー電気洗濯機には、ゴム製のロール絞り機が付いている。水洗いが終わると、洗濯物をこのロールで絞る。敷布のような大きなものは、丁寧にたたんでからロール絞り機で絞り、そのままアイロンで乾かしながら仕上げることができる。

洗濯容量は、敷布で換算すると六枚、タオルなら七十二枚、ナフキンなら一二〇枚洗濯できる。

この時代は家族が多く洗濯物も多かった。主婦は洗濯物の山と格闘していた。これをすべて、たらいと洗濯板を使って洗うというのは、非常に重労働である。冬でも外で長時間しゃがみこんで洗うので、腰は痛む、手が冷えあかぎれができるなど、健康を損ねることが多かった。

洗濯機を使えば主婦の重労働を軽減し健康上もよいのは間違いなかった。

◇洗濯機の種類

このころの洗濯機は、手動式と電動式がある。

手動式では、洗濯物を手で揺り動かす。回転型は「ヘラクレス」、撹拌型は「久能木式」（**図5**）などがあったが、相当労力を必要とした。

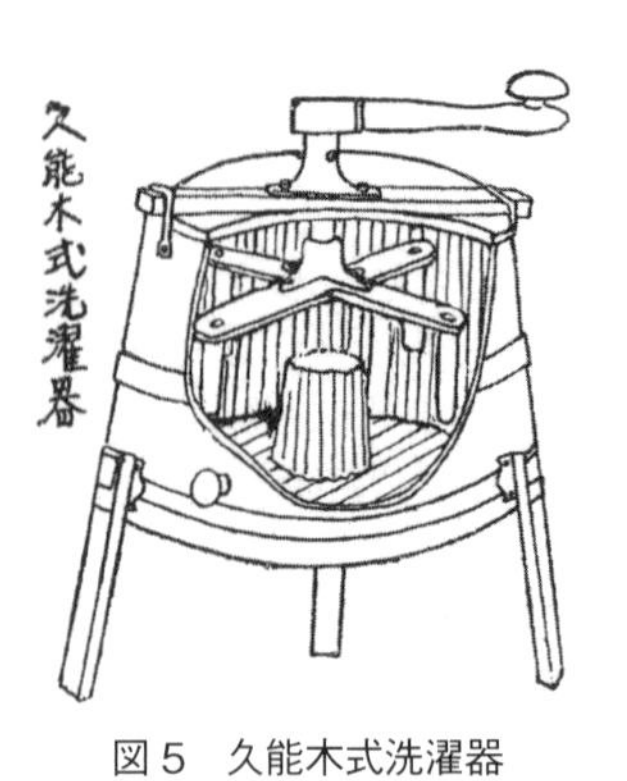

図5　久能木式洗濯器

電動式には、攪拌式、円筒型などいろいろな形式がある。

〔攪拌式洗濯機〕

石鹸水を入れる桶があって、その下部に装置された攪拌翼が、一方に一二〇度回り、次に反対方向に一二〇度回る。これを毎分五十回くらい繰り返し、攪拌して洗うもの。

〔円筒式洗濯機〕

これは、横置きの円筒型ドラム槽の中に、洗濯物を入れ、石鹸槽内において、右回り十回ほど、左回り十回ほどを交互に繰り返し回転するもので、職業用洗濯機のすべてがこの方式だった。（図6）

〔真空カップ式洗濯機〕

桶の内部中央にある金属製の椀が回転しながら上下に動くもので、上がるときには真空ができて石鹸水を吸い上げ、下がるときには押し下げるから石鹸水は椀の運動にしたがって洗濯物の中を通過して、汚れを取ることができる。

〔ドリー式洗濯機〕

たらいの中に、汚れた衣類を石鹸液とともに入れる。上部から、スリコギ大の四本の棒（ドリー）を入れ、右

図6　ウエスターン洗濯機

回り左回りと振り子式に動かす。汚れた衣類は、たらいの内壁の凸凹部でこすられ清浄される。

〖オッシレーター式洗濯機〗

たらいの中に入っている石鹸液が、衣類とともに、8の字を横倒しにしたように、たらい全体が、ゆさぶる仕掛けになったもの。洗濯の原理にかなっているが、機構動作からは衝撃が大きすぎるので、大型の洗濯機には向かない。

◇洗濯法

まず、汚れた洗濯ものを約十分間水洗いし、次に粉石鹸を茶碗に二杯入れて十五分間洗濯、一度石鹸水を排水し、洗剤の付いた洗濯物を「リンガー」と呼ばれる絞り機に通して絞る。次に、水洗いを五分間ずつ二回行い、再度リンガーで絞る。

ほとんどの洗濯機には、リンガーが設置されていて、洗濯機本体のモータで切替え運転できた。構造は、二本のゴムローラーを互いにバネで押し付けてあり、ゆっくり回転する。ローラーの間に、ぬれた衣類を差し込むと、圧縮され水分が絞られる。二本のローラーの間隙は調節ができ、薄ものでも、厚ものでも自由に絞ることができた。

衣類についているボタンは、着ているときと同じようにかけておくことが必要である。これを怠ると、ボタンがもぎ取られることがある。また、不注意で指を挟まれたりしたときに、ローラーの間隙を緩める安全装置がついている。

◇洗濯機の値段と運転費

昭和初期の洗濯機の値段は、日本製で一五〇円前後、輸入品では三〇〇～五〇〇円と高い。しかし、手洗いで一日がかりの洗濯が、わずかな時間で立派に仕上がる。また、電気洗濯機は、洗濯物を手でごしごしやることもなく、石鹸水をかきまわして汚れを落とすので、何度洗濯しても布地をいためることもない。

洗濯容量は、約二・五キログラム（浴衣六枚程度）で、洗いから、すすぎ、絞りまで、約一時間で終えることができる。電気代は、わずか一銭ほどなので、毎日洗濯しても一ヶ月約三十銭ですむ。

◇輸入洗濯機の試験検査

昭和初期、東京電燈（株）（現　東京電力）は、わが国の輸入製品の試験全般を委託されていた。試験の内容は、後の電気用品取締法に基づく試験に相当した。一九二九（昭和四）年、東京電気（株）も輸入した「ソアー攪拌式二号型洗濯機」の試験検査を東京電燈（株）に委託し、その結果の概要を『マツダ新報』に記載した。

〔試験品〕

品名：自働電気洗濯機

種類：「ソアー」二型　絞り機つき

型　：攪拌型

製造者：米国「ハレーマシン」会社

使用モータ：米国「ジーイー」会社製

四分の一馬力　単相誘導モータ

【構造説明】（略）（図7）

【試験および測定事項】（詳細数値略）

モータ無付加特性

撹拌器平均所要電力および撹拌回数

絞り機平均所要電力および速度その他

洗濯所要電力

モータ温度上昇

【洗濯機使用法】

洗濯槽内には丈夫な金属板三枚で構成された撹拌翼があり、毎分およそ四十五回、角度三十度の範囲で往復回転運動を行い、洗濯液とともに洗濯物を撹拌する。

洗濯液の作り方から、洗濯量、洗濯時間、絞り機の使い方、硬水・軟水、洗濯水の温度、その他の説明。

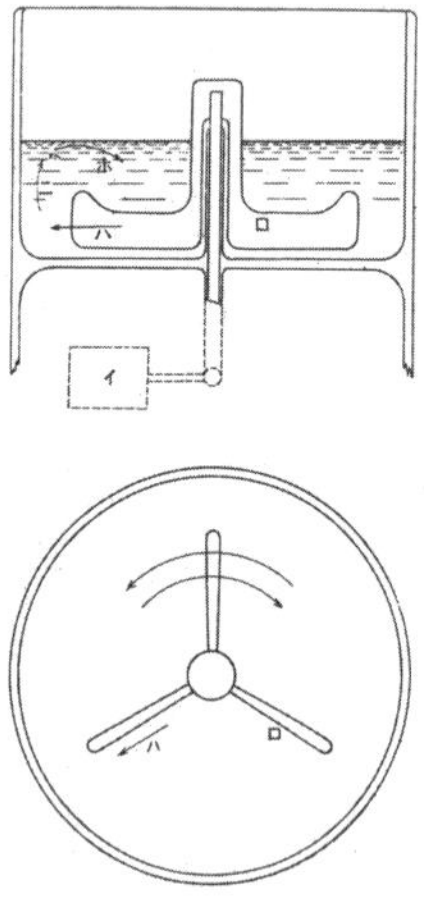

図7　ソアー撹拌式二号機の構造

●わが国初の電気洗濯機

東京電気（株）は電気洗濯機を輸入販売しつつ、国産化を企画した。一九三〇（昭和五）年、芝浦製作所はハレーマシン社と技術提携し、国産第一号となる撹拌式洗濯機ソーラーA型の製作を開始した。その後多くの検討を続け、一九三三年ついに国産電気洗濯機を発売した。（図8）

◇ソーラーA型洗濯機の概要
【電気洗濯機の便利さ】

　電気洗濯機を使えば、ほかの用事をこなしながら片手間で自動に洗える。これまでのように、たらいと洗濯板で洗うより、きれいにでき上がる。

【電気洗濯機の構造】

　三枚の羽根を備えた撹拌翼は、約二〇〇度の角度で毎分五十回左右に動く（五十サイクル、六十サイクルと使い分けている）。（図9）

図8　ソーラー撹拌式洗濯機

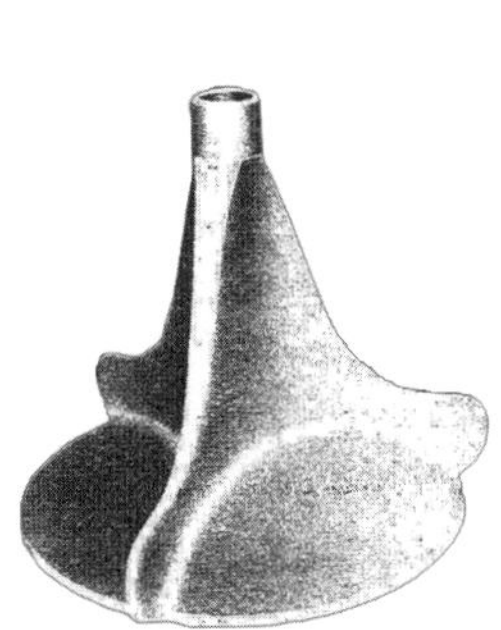

図9　ソーラー撹拌翼

〖洗濯容量その他〗

洗濯容量は、乾燥時二・五キログラムである。水に粉石鹸を入れ撹拌して泡立てる。洗濯物を入れて約七分間で洗い上げる。ワイシャツなら二十枚、冬シャツなら七枚、浴衣なら六枚洗うことができる。

洗濯中は三〇〇~三五〇ワット、絞り機運転中は約二〇〇ワット、毎日一回、二十分の洗濯として、月十五銭である。

ソーラーA型洗濯機は、アルミニューム鋳物の水槽を主体とし、きれいな仕上げ塗りを施してある。そのモータはSMK四分の一馬力の標準型で、撹拌器の動く早さを等しくするため、五十サイクル用と六十サイクル用がある。

一九三二年五月以降、改良を重ねており、まだ量産に入っていなかった。

一九三三年一月の写真に、やっと「Solar」マークが付いた。

一九三五年、川崎捨三(芝浦製作所の技術者)が、電気洗濯機を各種調べた結果、洗濯時間が短くよく洗えるのは撹拌式であった。わが国初の洗濯機は撹拌式で、運転時間が円筒式の約半分で充分きれいになった。

ソーラーA型洗濯機の撹拌翼は、次の特徴からGE社の特許撹拌翼(三枚の羽根が上部から下部に向かって順次広がっている構造)を採用した。

① 洗濯物が翼にまとわり付かない。

②攪拌器底部のカーブが広く緩やか。
③羽根の先端は丸みをおびている。
④羽根の中央部のカーブは上層部の布を下部に引き込む作用がある。（図10）

底部羽根が、洗濯物を側面に投げ出し、位置を変えることにより洗濯効果が大きい。

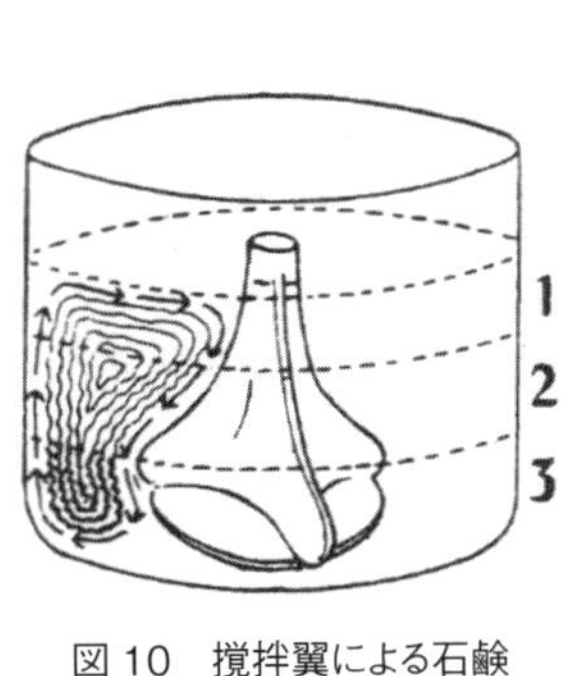

図10　攪拌翼による石鹸液の移動状況

◇モデルチェンジはじまる

昭和初期にかけて発売された電気洗濯機は、優れた洗濯性能を有していた。しかし、銀行員の初任給が七十円の当時、洗濯機の価格は三七〇円であり、一般家庭ではとても買えるものではなかった。電気洗濯機は、アメリカで急速に普及しはじめ、一九三五年ころには普及台数は九四三万台に達した。一方、当時わが国では三〇〇〇台以下であった。

そこで、芝浦製作所と東京電気（株）は、価格を下げるために設計を見直し、一九三五（昭和十）、価格を下げたソーラーC型洗濯機を発売した。（図11）

【ソーラー電気洗濯機C型】

ソーラーC型洗濯機は、洗濯容量一・八キログラムで、シーツは四枚程度洗える。本体水槽は、鶯色のホーロー仕上げで、内部には改良された攪拌翼を備えている。モータは、四分の一馬力である。

入力は、洗濯時一五〇ワット、絞り時二三〇ワットである。

一九三八（昭和十三）年、芝浦製作所は、ソーラーD型と、E型を発売した。

『ソーラー電気洗濯機D型』（一・四馬力モータ付き）

ソーラーD型洗濯機の本体桶はアルミニュームで、アルマイト加工している。

撹拌翼の軸は機械部に連結され、減速装置によりモータに接続されている。ギアなどを含む機械部は、すべて密閉された箱の中に潤滑油の中で運転しており、耐久性に優れる。

モータは、分相起動型単相誘導型四分の一馬力で、洗濯容量は六ポンド（浴衣六枚）程度である。

洗濯時間は、約二十分で電気代は約八厘である。

『ソーラー電気洗濯機E型』（一・八馬力モータ付き）

ソーラーE型電気洗濯機は、絞り機を省き安価にした商品である。必要に応じて、別売りの手回し絞り機

図11　ソーラーC型洗濯機

図12　ソーラーE型電気洗濯機

を取り付けることができる。

モータは分相起動型単相誘導モータ、八分の一馬力。一回の洗濯量は四ポンド（浴衣三枚）である。（図12）

●広告と販促に注力

昭和初期に、電気洗濯機の販売をはじめたものの、なかなか普及しないため、広告にも力を入れた。

一九二九（昭和四）年一月号『マツダ通信』には、輸入洗濯機の広告がでている。

「楽に！　きれいに！　速く！」定価（一ヵ年月賦払い）　金三七〇円

〔特徴〕

家庭用諸器具の中で電気洗濯機ほど便利な、労を省くものはないといわれております。

ソアー第二号型洗濯機は斯界に有名なるハレー会社が優秀なる経験を土台として新しく改良発売せる最新型電気洗濯機であって、洗濯速度迅く使用上安全にして、注油などの手数を要せず、また、高級なる電気洗濯機として値段は低廉無比であります。

『マツダ通信』一九三三年四月号に、はじめての国産洗濯機の広告が掲載された。（図13）

図 13　ソーラー電気洗濯機の広告

「電気洗濯機はソーラー」
〖一生お役に立ちます〗
　機械は斯界の権威芝浦製作所製でありまして、従来販売の高級品ソアー電気洗濯機に、さらにジェネラル・エレクトリック会社の特許部分を加え幾多の改良を加えた、最優秀、完全無比の国産品で、しかも格好なお値段であります。
〖御家族の良き御投資〗（略）
〖御求めになって御安心〗（略）
〖御購入には〗
　まず洗濯の実演をご覧ください。…

技術力の高い芝浦製作所が、これまで輸入販売してきたアメリカ製高級電気洗濯機ソアーに、GEの特許撹拌翼を取り入れて、最優秀の国産洗濯機を発売した。
　一九三三年六月六日の読売新聞に、はじめての新聞広告「ソーラー電気洗濯機」が掲載された。（図14）
「清潔—健康—経済」

図14　読売新聞広告

図15　芝浦レヴュー広告

数時間多大の労力を要した従来の洗濯も、本機数十分の運転により洗濯物の生地を全く損することなく経済的衛生的に清浄し得。御投資額は一～二年で償却！

一九三六年『芝浦レヴュー』八月号の「ソーラー電気洗濯機」（広告）にて、洗濯機の特徴を特許技術に焦点を当てた。（図15）

「学理の粋を集めた洗濯機械」

特許攪拌機を備えた洗濯槽と自動式絞り機を組み合わせたソーラー電気洗濯機はその優秀な攪拌作用によってきわめて迅速に生地を傷めず、衛生的にお洗濯できます。

これに要する時間と費用は日方四ポンド（約四八〇匁）くらいまでが水洗い絞り上げをも含めて約二十分間で仕上がり、電気料は一キロワット時十銭としてもわずかに六厘四毛ですみます。

一九三七年一月一日号の「アサヒグラフ」に広告で洗濯機のよさを訴えている。

「現代生活の改善は、洗濯の合理化から」

家庭において、最も合理化すべきことは、洗濯である。洗濯の合理化には、ソーラー電気洗濯機が最適である。（図16）

普通の家庭でも、洗濯量は一日三百～五百匁、

図16　ソーラー電気洗濯機

月十貫、年一二〇貫という莫大な量である。
この洗濯機を使用すれば、手洗いの洗濯時間に比べ五分の一の三十分で仕上がる。
一回の洗濯に必要な電力量は約六十五ワット時で、約一銭ですむ。
手洗い仕事は、長時間不自然な姿勢であり、疲れひどく健康上よくない。

●電気洗濯機の特徴と扱い方

東京電気（株）は、一九三二（昭和七）年に『電気洗濯機による家庭新洗濯法』という取扱説明書を発行した。（図17・18）
「わが国の家庭におけるたらい式の洗濯は、最も不合理な作業である。」
欧米では、年間百数十万台の洗濯機が購入されている。電気洗濯機があれば、スイッチひとつで洗濯できる。

図 17　電気洗濯機に依る家庭新洗濯法

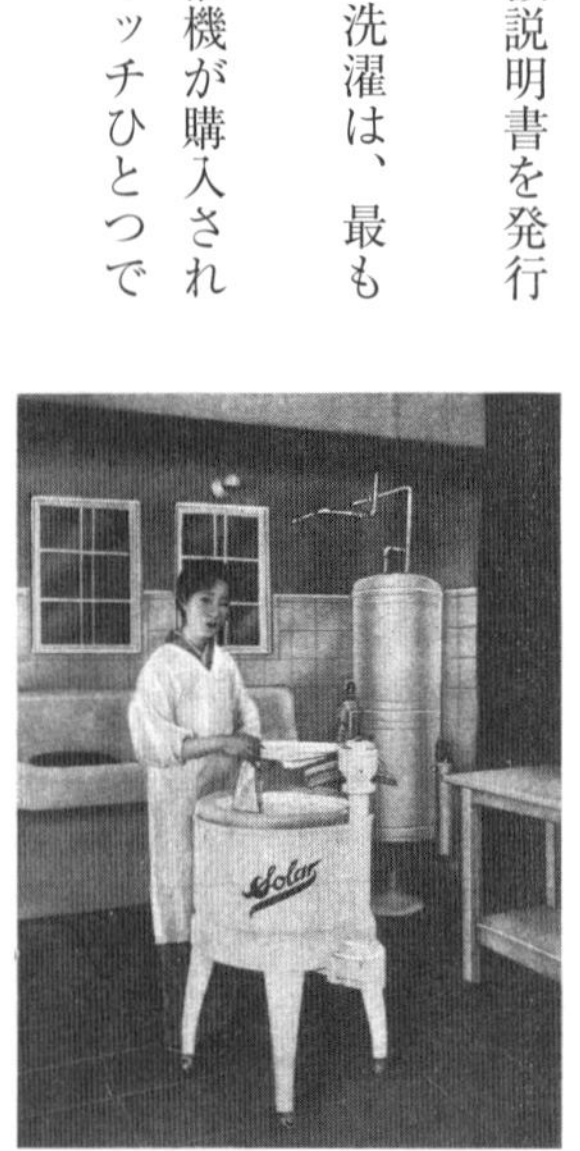

図 18　家庭新洗濯法の挿絵

〖電気洗濯機による洗濯法〗
　石鹸有効使用法、冷水洗濯と熱水洗濯、最初に水洗いする理由
〖ソーラー攪拌式電気洗濯機の運転方法〗
　構造と使用方法、使用経費、絞り機の注意
〖洗濯機の予備知識〗〖各種洗濯法〗その他

そのほか、漂白法、色留法、各種汚点抜法などと、詳しい説明が五十二ページにわたり記載されてある。見た目も、厚手の立派な本（参考書）である。
芝浦製作所は、一九三三年に「芝浦製品型録」を発行し、電気洗濯機も掲載された。**（表1）**
「これまでのたらいの洗濯は、経済的にも衛生的にも不合理な作業である。」
芝浦電気洗濯機を使えば、洗濯容量二・五キログラム（木綿シーツなら六枚）を、約七分で洗濯できる。すすぎ、絞りを入れて約二十分で終わるので、電気代も月五十銭以下と経済的である。

●戦後の各種電気洗濯機

一九五八（昭和三十三）年ころ、使用されている電気洗濯機を大別すると、噴流式、渦巻式、攪拌式、その他の形式に分かれる。

表1　芝浦電気洗濯機の仕様

型	電圧(V)	周波数(Hz)	所要電力(W)		型録番号	定価	重量(kg)
			洗濯中	絞り機運転中			
A	100	50, 60	300〜350	200	C-7572, 7573	—	73.5

【噴流式洗濯機】

最も普及していた洗濯機である。本体と洗濯槽は角型で、槽の側面に回転翼（パルセーター）が取り付けてあり、毎分五〇〇～六〇〇回転して水流を起こし、洗濯物を回転しながら汚れを落とす。（図19）

特徴：①速くきれいに洗う（約五分間）、②構造が簡単で故障が少ない、③価格が安い。ただし、激しい水流のために、洗濯物がよじれ布地を傷める心配がある。

種類：二重噴流式、強弱スイッチつき、自動反転式、無段変速式

【渦巻式洗濯機】

本体と洗濯槽は角型で、槽の底に回転翼が取り付けてある。①洗濯時間は約五分間、②構造が簡単で価格が安い、③洗濯物が少ないときは水量を少なくできる。その分、洗剤も少なくてよいので経済的。

種類：移動渦巻式、強弱スイッチつき、自動反転式、二重水流式

【撹拌式洗濯機】

戦前から販売されている洗濯機である。噴流式、渦巻式に比べ水流はゆるやかである。洗濯時間

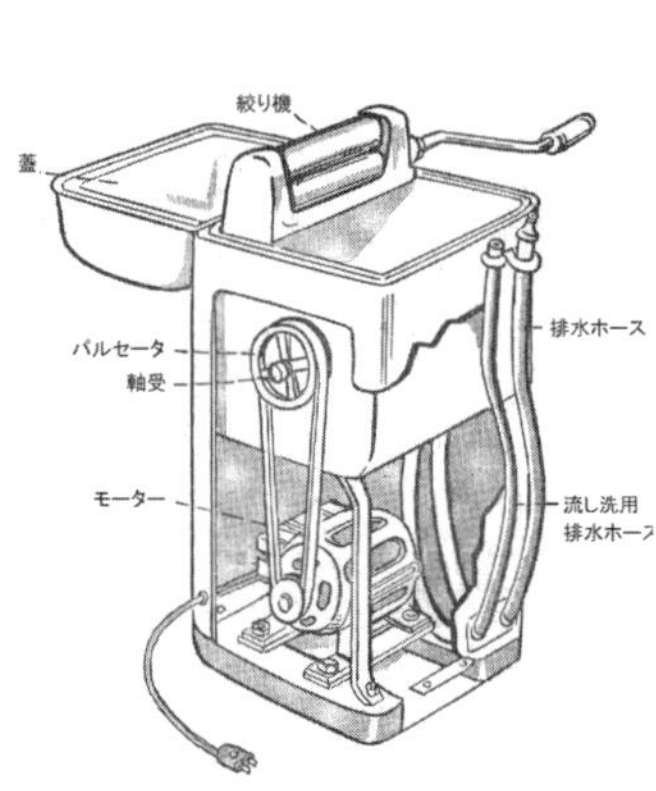

図19　噴流式洗濯機の構造

が少し長いが、布傷みは少ない。アメリカの洗濯機は、ほとんど撹拌式である。（図20）

【回転式洗濯機】

無数の穴が開いた円筒（ドラム）の中に洗濯物を入れて、洗濯液の中で回転させる。衣類は、上部に持ち上がって水面に落ちるときの勢いで洗う方式である。（図21）

【振動式洗濯機】

電磁石で円盤に振動を与え、洗濯液を振動させて洗濯物の汚れを落とす方式である。安価に製作できるが、汚れが落ちにくく騒音が激しい。

【噴射式洗濯機】

洗濯槽の下部にポンプが取り付けてあり、洗濯槽上部から勢いよく水を噴射させ、洗濯物の汚れを落とす方式である。生地を傷めないが、洗濯時間が長くかかる。

また、次のような機能を付加した洗濯機が発表された。

【脱水兼用洗濯機】

洗濯槽の中に、無数の穴の開いた円筒形のかご（洗濯兼

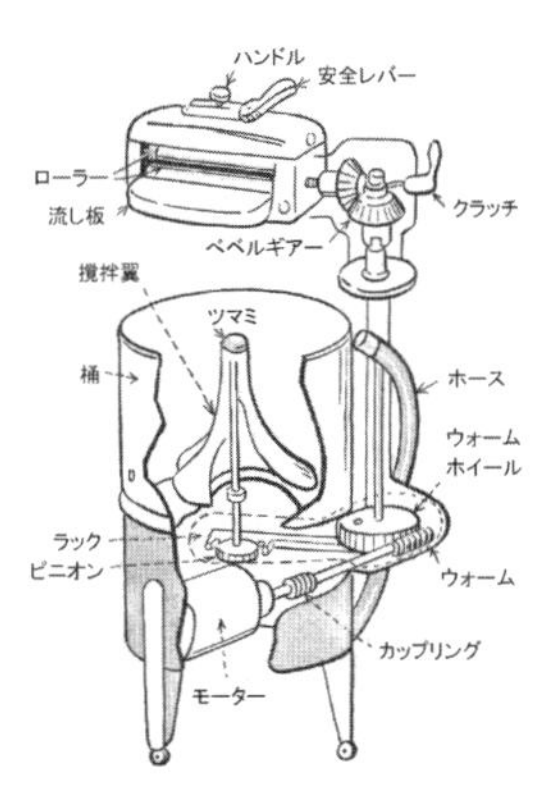

図20　撹拌式洗濯機の構造

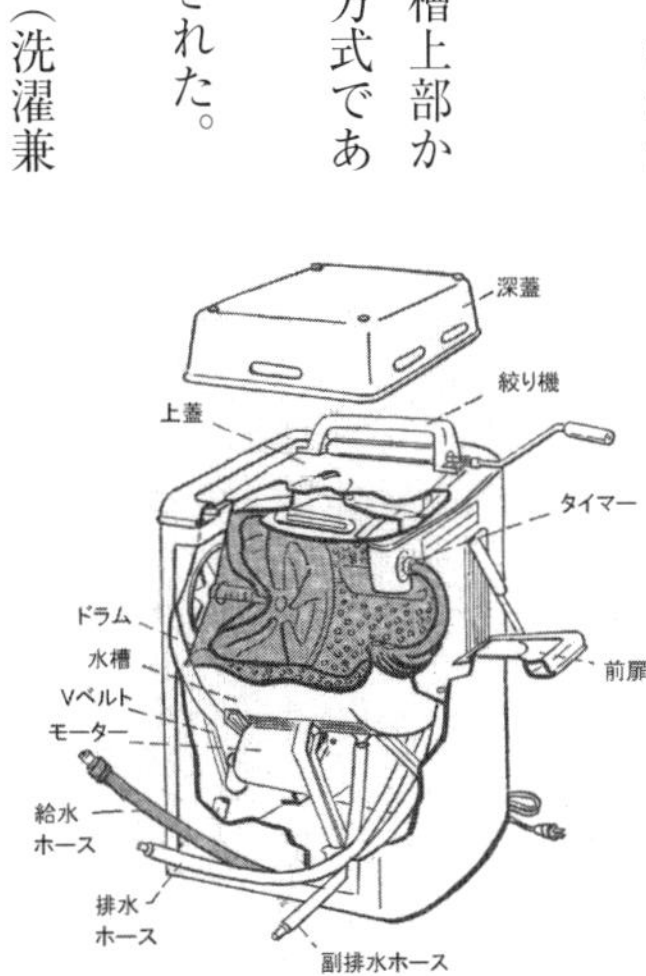

図21　回転式洗濯機の構造

脱水槽）が取り付けられ、この中で洗濯し、終わると高速回転して脱水する構造。

〔排水ポンプつき洗濯機〕
洗濯機に排水ポンプを取り付けたもので、「流し」のような高いところに排水できる。

〔全自動式洗濯機〕
洗濯液と洗濯物を入れてスイッチを押すだけで、ひとりでに洗濯、ゆすぎ、脱水ができる全自動洗濯機。価格は高い。

●渦巻式洗濯機の登場

戦後は、進駐軍の宿舎用に各種の家電製品の発注があり、三社（東芝、国森製作所、神戸製鋼）が撹拌式洗濯機を生産した。一九四七（昭和二十二）年六月から納入がはじまり、わずかに四九九九台で終わった。洗濯は、日本人メイドを使ったほうが安くきれいに仕上がるという理由で、納入打ち切りになったという。

一九四八年、（株）東芝が撹拌式洗濯機Ｋ型、一九四九年にはＦ型を発売した。

以降数年間に、二十数社が洗濯機製造に乗り出し、撹拌式、ドラム形、振動式、その他各種の方

表２　戦後の電気洗濯機の生産台数の推移

年	台　数
1946（昭21）	162
1947（昭22）	1 854
1948（昭23）	265
1949（昭24）	364
1950（昭25）	2 328
1951（昭26）	3 388
1952（昭27）	15 117
1953（昭28）	104 679
1954（昭29）	265 552
1955（昭30）	461 267

出典：日本電機工業会

式の電気洗濯機を販売したがなかなか普及しなかった。

一方、輸入洗濯機も十数社進出してきた。その中で、イギリスで生産されたフーバー噴流式洗濯機が注目を集めた。噴流式は小型で安価に製造できることから日本の各社が検討をはじめた。（図22）

一九五三年、いち早く三洋が噴流式の一槽式洗濯機を安価に発売し、爆発的に売れはじめた。

しかし、フーバーの二年後に輸入されたサービス洗濯機は、今日渦巻式と呼ばれる「底に羽根がある洗濯方式」であった。（図23・24）

一九五四年、八欧電機（ゼネラルブランド）がわが国初の渦巻式洗濯機を発売した。渦巻式は、洗濯量が少ないときは水量を減らすことができることから、各社は順次、噴流式から渦巻式へ転換した。

渦巻式洗濯機は、一槽式から二槽式、全自動式へと進化発展して、どの家庭でも洗濯機が購入されるようになった。

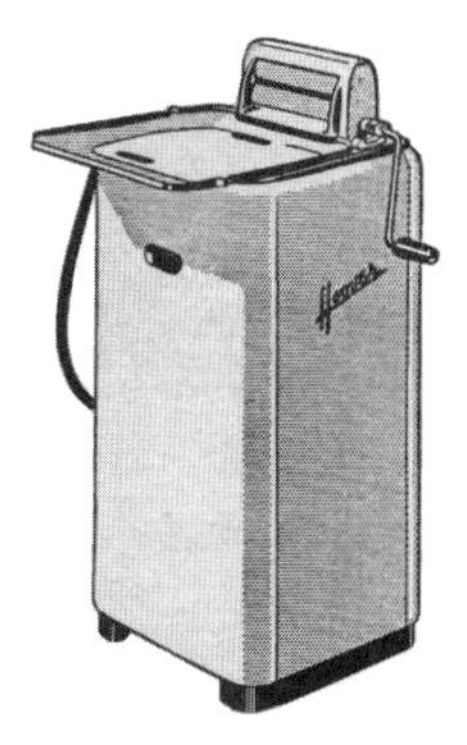

図22　フーバー洗濯機

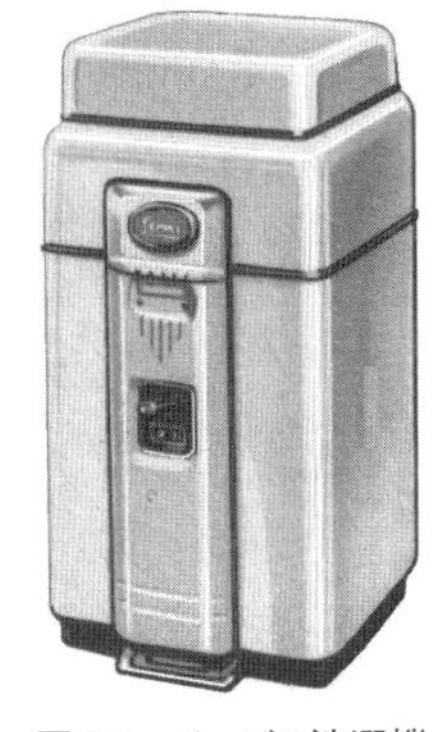

図23　サービス洗濯機

図24　サービス洗濯機
（渦巻構造）

第12章　電気冷蔵器

気温が高いと食べ物は早く腐る。昔から、人々は入手した食べ物をいかに長持ちさせるか苦心してきた。比較的暖かい太平洋側では食べ物は日持ちしないため、塩をまぶし漬物や干物にした。冬、雪に閉ざされる地方では、野菜や肉・魚を雪や氷とともに貯蔵する氷室を作り、長く蓄える工夫がされた。夏には、氷室から雪や氷を取り出して使った。

また、夏場はスイカなど果物は冷やすと美味しいので、比較的水温が低い井戸水や、山からの湧き水にしばらく浸けてから食べていた。

●冷たいおいしさ

まだ冷凍機がなかった一八六九（明治二）年、中川嘉平が北海道の五稜郭の外堀を借り受けて、良質な氷を大量に作ることに成功した。嘉平は冬に氷を作り、夏に横浜に向かう外国船に乗せて輸送したのである。そして、横浜の馬車道通りで、かき氷やアイスクリームなどを売り出した。大衆は、はじめて冷たい食べ物を知った。その後、冷やしたサイダー、ラムネ、ビールなどが売られた。

冷凍サイクルを利用して人造氷を製造する方法は、一八三四(天保五)年にアメリカ人ヤコブ・パーキンスがイギリスで働いていたとき発明し、特許を取得した。エーテルを低圧にして蒸発させ、気化熱で冷却させる圧縮型の冷凍機である。

一八五〇(嘉永三)年、フランス人エドモンド・カレーが硫酸を水に溶かして熱エネルギーを吸収して氷になる原理を使い吸収式冷凍機を開発した。

一八七〇(明治三)年、東京大学においてわが国で初めて冷凍機を使った氷が作られ、高熱で病床に臥していた福沢諭吉に届けられた。この冷凍機は、福井藩主松平春嶽公が所有する実験用のアンモニア吸収式冷凍機であった。

一八七二年、大阪と横浜に外国人の経営する日産五トン程度の製氷工場が作られた。

●冷蔵箱の登場

人造氷ができるようになると、家庭でも「氷箱」とか「冷蔵箱」と呼ばれる氷冷蔵庫が作られるようになる(**図1**)。当初は木製で、内側にブリキを張り、外殻との間に木炭やフェルトを詰め込んで断熱材とした。断熱構造の箱である。現代でいえばクーラーボックスだ。箱の上部に氷を入れ、下部は食品を入れる室（冷蔵室）とした。上からの冷気が下におりて食物を冷やすのである。

一九〇三年、第五回内国勧業博覧会において、わが国ではじめて人造氷を使った家庭用氷冷蔵庫が展示された。一般に売り出されたのは一九〇七年ごろであった。

かつて氷は、氷屋がリヤカーなどで毎日配達されていた。氷冷蔵庫は、昭和三十年代まで一部の家庭で使われていた。

●電気冷蔵庫の登場

一九一八年、アメリカのケルビネーター社が、はじめて自動調節つき家庭用電気冷蔵庫を製造・販売した。壁に埋め込む金庫のような形で、音がうるさかったという。

一九二五年に開発をはじめたアメリカのGE社は、一九二七年に圧縮機（コンプレッサー）を上につけたモニタートップ型を発売し、家庭用電気冷蔵庫の量産化に成功した。累計一〇〇万台を超える大ヒット商品となった。（図2）

図1　冷蔵箱

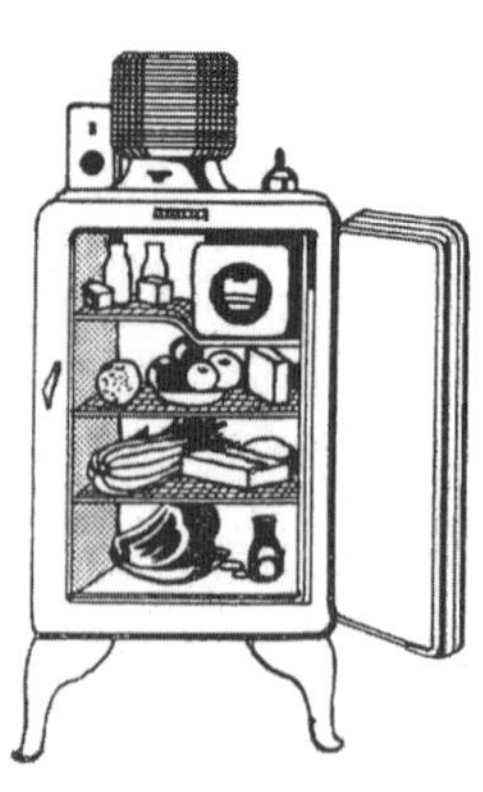

図2　電気冷蔵庫

●輸入の時代

わが国で、人造氷が調達できるようになり、氷冷蔵器が普及した後、一九二〇年代中ごろには、海外から電気冷蔵庫が輸入されるようになった。ところが、電気冷蔵庫は価格が高く、当時の庭付きの家が購入できるくらいであったという。

一九二三（大正十二）年ごろ、三井物産（株）により初めて電気冷蔵庫が輸入された。GE製、ケルビネーター製のものである。（図3・4）

そのころは、日本製の電気冷蔵庫はまだ開発・販売されていなくて、輸入品のみであった。

当時、三井物産（株）が輸入したGE電気冷蔵庫は、東京電気（株）が販売していた。（図5）

従来の冷凍機はアンモニアガスを使用していたため、いろいろと不便があった。その後、亜硫酸ガスを使用す

図5　GE電気冷蔵庫

図4　ケルビネーター冷蔵庫

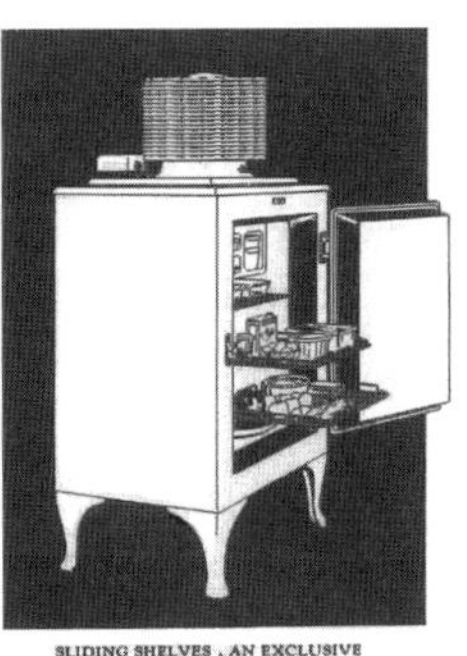

SLIDING SHELVES . AN EXCLUSIVE GENERAL ELECTRIC FEATURE

図3　GEモニタートップ冷蔵庫

るようになり、圧縮して液化させるときに生ずる熱を冷却させるための冷水が要らなくなった。また従来の冷却装置は液化ガスを通しているパイプ表面からのみ放熱する方式のため、機械が止まれば、すぐ冷蔵庫内の冷却器の温度は上がってしまったが、このころのものは製氷装置があるので、機械が停まっても作られた内部の氷によってなお数時間氷点以下の温度を保った。

冷蔵庫内の気温が上がったときは、亜硫酸ガスの膨張により自動開閉スイッチの働きでモータの運転を開始し、一定の冷却点を保たせ、その結果亜硫酸ガスの収縮により自動開閉スイッチを遮断し、機械の運転を止めるようにできている。

モータは六分の一馬力前後で、一ヶ月の使用量は平均二円五十銭くらいである。一九二七(昭和二)年ころの冷蔵庫の値段は、五〇〇～一〇〇〇円くらいである。ちょっと高価なようだが、五年も使うと氷を入れる普通のアイスボックスより割安である。

飲み物を冷やしたり、飲み物に入れる氷や花氷を作れることなどをこの機械の特徴とした。電気冷蔵庫は、将来家庭に絶対必要なものであると宣伝した。郊外居住者の増加とともに、野菜や魚肉類の保存、冷えた飲料の供給などが重要な課題となった。ホテル、旅館、料理店、カフェーなど飲食店の営業者は、電気冷蔵庫の必要性を感じていた。

●わが国初の電気冷蔵庫

一九二七(昭和二)年ころは、「電気冷蔵器」と呼ばれ、モニタトップ形と称する圧縮機、凝縮器、制御装置などがキャビネットの上に露出しているものであった。電気料金が高かったため利用者は少なかったが、その後、電灯線から電力を取ることが普及し需要が増加した。

なお、「電気冷蔵器」は、一九三七年ころから、戦後一九五五年にかけて「電気冷蔵庫」と呼ばれるようになった。

東京電気（株）は輸入品を販売しつつ、国産化を企画し、一九二九年芝浦製作所にてその研究と試作を開始した。一九三〇年、全密閉形コンプレッサーと試作第一号機の電気冷蔵器を完成した。その後いろいろと検討を重ね、一九三三年ついに芝浦製作所で発売するに至った。

当時「電気で物を冷やすことができるか？」とまじめに疑う人々がいたので、その売り込みは顧客に対する教育からはじまった。機械が完全に動作するのかとの心配もあった。

また月賦販売もしたがそれを利用する人は少なく、購入者は上流階級に限られていた。

日立、三菱電機もほぼ同時期に販売をはじめ、芝浦製作所と三菱電機は七二〇円、日立は七〇〇円で売り出した。

その後、日立は五八五円の特価販売を行い、好成績をあげたといわれる。

一九三三年、岡本重郷（芝浦製作所の技術者）が、電気冷蔵庫と氷冷蔵庫の違いを、バクテリアの繁殖数字を使って説明した。さらに、箱構造や内部機器の詳細な数値による説明により解説しているが、十分理解できたかどうか難しいところである。

氷冷蔵庫では氷の溶解にしたがって温度が上昇し、常に摂氏十度の安全温度を保つことは不可能である。しかし、電気冷蔵器は常に安全貯蔵温度を保つので、貯蔵品は新鮮さを長く保つ。したがって、魚、肉、あるいは野菜、果物などの買いだめができ、腐らせないのでムダがない。氷もできるので、夏は冷たいお茶を飲んだり、おいしいアイスクリームを食べたりできる。

この電気冷蔵器は、圧縮機(コンプレッサー)を備えていて、自動的に機内の温度を保った。しかも、電気料金は氷代より安かった。

◇芝浦電気冷蔵器の構造

芝浦電気冷蔵器は、モータなどの可動部分を全部密閉した安全設計で、油の注入の必要もない優れた商品であった。

SS-1200型は十分の一馬力の単相誘導モータで、六十ヘルツで運転する場合、その冷却能力は室内温度摂氏三十八度(華氏一〇〇度)、蒸発室すなわち製氷箱の温度が冷下六・七度のときでさえ一時間一〇〇キロカロリーであって、冷蔵庫容積は〇・一二立方メートル(約四・五立方尺)あり、二十四個の氷塊(一キログラム)を作る箱を二個備えている。(**図6**)

SS-1500型の方は八分の一馬力モータで、冷却能

図6　SS-1200 型電気冷蔵器

力は毎時一一七キロカロリー、冷蔵容積は〇・一六立方メートル（約六立方尺）であって、製氷箱を四個備えている。（冷凍機の構造は略）

冷蔵函は全鋼製であり、外面は耐久性がよく、きれいな光沢のある純白ラッカー仕上げを行い、内部は純白ホーロー仕上げになっている。したがって食料品の臭気が移ることなく、隅は全部丸みを持たせ、また鉄板の継ぎ目がないから、ホコリのたまるところがなく、排水口の必要がない。内部は常に清潔を保つことができる。（図7）

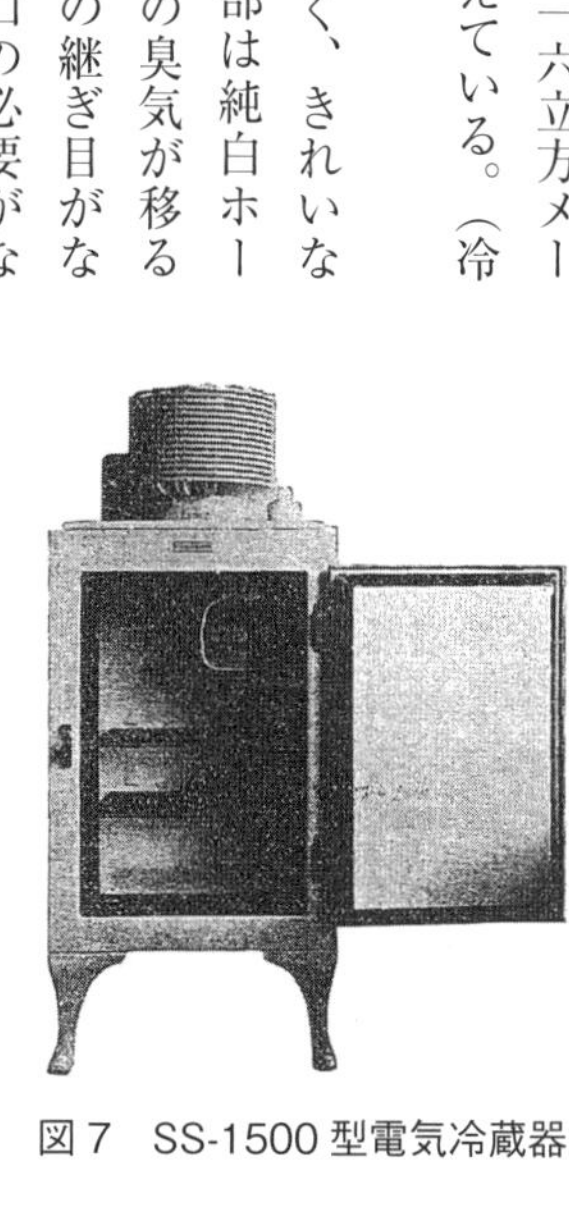
図7　SS-1500型電気冷蔵器

内函と外函の間は熱絶縁力が高く、かつ腐食などのない材料を使っており、長時間冷凍機の運転を中止しても、函内は長く安全冷蔵温度を保つことができる。

扉の縁には、特殊な形状のゴム製パッキングを使用し、これによって函を完全に密閉することができる。扉の蝶番（ちょうつがい）並びに掛金は極めて頑丈に作り、美しいクロームメッキである。また、扉は、自動的に掛け金がかかるような巧妙な構造となっている。内部の網棚には特殊な錆びないメッキを行い、これに便利なすべり棚を備え、食料品を簡単に引き出せる構造である。

冷凍機は冷蔵函の上部に、適当な高さの脚で支えられており、その冷蔵作用は最も有効である。冷凍機は熱を発散するので、もしこれが冷蔵函の下部に置かれると熱効率が悪くなる。（図8・9）

◇芝浦電気冷蔵器の特徴

芝浦製作所は、一九三四（昭和九）年作成の「芝浦製品カタログ」（ＫＳＡ－８００）に、芝浦電気冷蔵器の特徴を示した。

〘衛生的〙

食べ物が一日中自動的に四度以下に保たれ、適当に乾燥していて衛生的である。

〘非常に重宝〙

氷がたくさん作れ、アイスクリーム、冷たいレモン水、ゼリーなど美味しいデザートを作れる。

〘経済的〙

氷冷蔵庫の氷代に比べ、ごくわずかの電気料金ですむ。一度に、大量に買い込んでおける。

〘ノーサービス〙

全く故障しない。密閉型で、数十年油をさす必要もない。ガスの補給も必要ない。

〘静粛〙

均衡の取れた動作部分が密閉箱内で円滑に動くので音、

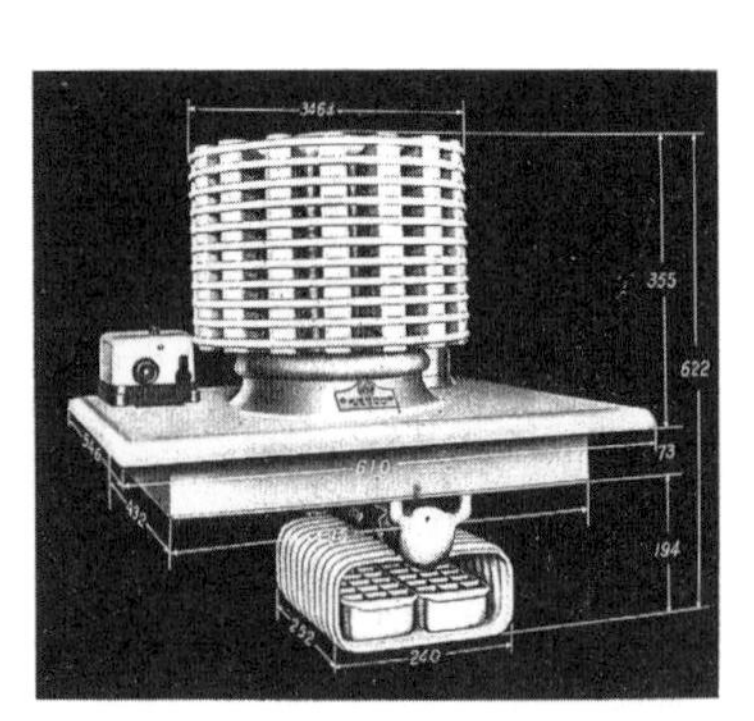

図８　冷凍機

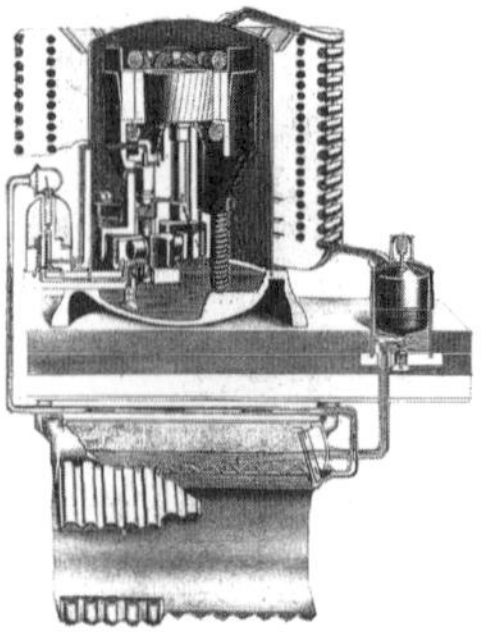

図９　冷凍機の内部構図

振動は非常に少ない。

〔注意不要〕

温度調節は、きわめて簡単。食物の温度を十度以下に正確に保つ。

〔オールスチールキャビネット〕

冷蔵箱は全部鋼製で、継ぎ目も隙間もない。内部は純白ホーロー製。電気絶縁も完璧。

〔据付、取り付けが容易〕

コードを差し込むだけである。

●広告と販促に注力

「価格は高いけれども、使えばこんなに便利だ」ということを、しっかりPRするため、広告にも力が入ってきた。

一九三三(昭和八)年八月一日、『マツダ通信』への広告「芝浦電気冷蔵庫」(広告)では、写真とともに簡潔な文章で電気冷蔵庫の優秀性を宣伝した。(図10)

「優秀無比な国産　芝浦電気冷蔵庫」

〔紹介の言葉〕

申し上げるまでもなく芝浦製作所は電気機械器具類

図10　マツダ通信広告

の製作技術においては東洋における最高権威であり、社会に貢献していることの大であるということはよく人の知るところであります。今回芝浦製作所では、GE社の了解のもとにGE型の電気冷蔵庫を製作することになりわが社（東京電気（株））はその販売をすることになりました。
その特徴は、①清潔で衛生的、②便利で経済的、③構造簡単、④取り扱い容易、⑤騒音最少、⑥寿命永久
かくして誇るべき優秀な電気冷蔵庫の国産を祝福するとともに、この製品の一般化に向かって、層一層の努力を懇願致す次第です。

誰に向かって懇願しているのかよくわからない。まだ広告の仕方が地に着いていない。

一九三六年『芝浦レヴュー』五月号には、「一九三六年の芝浦電気冷蔵器」の広告が出ている。普及型冷蔵庫が開発され、三機種のラインアップを紹介した。（図11）

・DF−80　フラットトップ型　容積〇・〇七七立方メートル
・DF−130　フラットトップ型　容積〇・一二八立方メートル

図11　芝浦レヴュー1936年5月号広告

・SS－1500　モニタートップ型　容積〇・一九
　　　　　立方メートル

続いて、一九三六年『芝浦レヴュー』七月号には「芝浦電気冷蔵器」の広告が掲載された。この広告においては、五項目の特徴を宣伝している。（図12）
①機械は全密閉式にしてきわめて安全、②構造簡単にして取り扱い容易、③安全貯蔵温度を自動的に保持す、④全鋼鉄製にして堅牢面も体裁優美、⑤電気量は氷代よりも遥かに僅少

●電気冷蔵庫とは何か

芝浦製作所は、一九三三（昭和八）年九月に、『芝浦電気冷蔵器　取扱指針』を発行した。この取り扱い指針書では、次のような序言で品質に対する自信を書き記している。（図13）

芝浦電気冷蔵器は完全なる試験、検査をして工場より発送される。発送前数日間は実際運転を行い、

図12　芝浦レヴュー1936年7月号広告

図13　芝浦電気冷蔵器取扱指針

あらゆる不具合点の発見に最大の努力を払っている。したがって千個に一個の不良品もないと確信する。

取り扱われる方々は本書を熟読し、取り扱い上間違いないようにしていただきたい。

◇芝浦電気冷蔵器　取り扱い指針書

第一節では「芝浦電気冷蔵器の特徴」を説明している。

・可動部分はすべて密閉室内に永久に納められていて、故障や寿命に影響する空気、塵芥、湿気に触れない。

・蒸発室（製氷室）は波形の鉄板製ホーロー仕上げとなっており、すばやく冷却しかつ清潔である。

・可動部分を納めてある密閉室内には、新鮮な潤滑油を多量入れてあるため、永久に給油の必要がない。

・冷蔵函内の温度は自動的に食料品安全貯蔵温度を保ち、かつその温度を自由に加減できる。

・冷媒の漏洩故障の原因となる封印された機械室はなく、また各部の継ぎ目は溶接または銀蠟付けである。

・入力が少ないので、運転費がかからない。

・冷蔵箱内部は、継ぎ目のない鉄板ホーロー仕上げで常に清潔である。函外部は、丈夫なラッカー仕上げの全鉄板製なので耐久力がある。

続いて、「冷凍機の構造」「冷凍機の定格」などの解説がある。

第二節では、「据付及取扱」が丁寧に説明してある。まず、電圧計や電力計の原理と取扱方法。そして据え付けには、専用の可搬持ち上げ器と持ち上げ車（手動式クレーン）による設置方法、冷蔵箱の荷解き方法と、組立て後の検査と試験についての解説がある。さらに、使用取扱方法と、調整方法がつづく。

第三節で「芝浦電気冷蔵器の手当て」とあり、起動不能時や、過負荷遮断機が働いたとき、冷凍作用が不規則な場合、騒音問題、冷凍不良、冷媒漏れ、温度調節不良、製氷作用不十分等々の問題把握方法と対策について詳細が書いてある。

連絡先として、芝浦製作所の住所電話番号をはじめ、全国の営業所と工場の住所電話番号を記載している。

この電気冷蔵器の品質全般について、くどいぐらい丁寧に説明している。

電気冷蔵器の価格が高く、「取り扱い指針書」も厚紙の表紙で四十二ページもある。構造、定格、据付、調整から、各種品質にかかわる現象をこと細かく解説してあり、据え付け技術者のための参考書である。

◇冷凍機の構造

関重広は一九三四（昭和九）年に、冷凍機の内部構造をわかりやすく図解した。（図14・15）

Ａはモータで、これで圧縮ポンプＢを動かす。Ｂの内部はガスが入っていて、このガスが圧縮される。ガスは圧縮されると高温になるが、その高温になったガスをＣの冷却パイプに導いて空気で冷却して液化するのである。

空気冷却といっても夏の暑いときは摂氏四十度以下にはならないこともあるが、圧力を十分かけてこの程度で液化するのである。

ここで液体になってＤに導かれ、ここで急に圧力を落とされるので再び気体に変える。その際潜熱を外部からとるからＤの周囲が冷える。このＤを冷凍箱の内に入れておけば、箱の中の温度が下がるのである。なお、Ｄは普通内部が凹型にできているので、その凹んでいる部分は周囲から冷やされるから特に温度が下がり零度以下になる。

したがって、ここに水を器に入れておけば氷ができ上り、色々のものを凍らせることができる。ビールなどを入れてはならない。Ｄの室で気化したガスは再びＢのポンプに行って圧縮され、この同じ操作を繰り返すのである。すなわち冷凍機ではＤの周囲から熱を奪って、その熱をＣのパイプから空中へ放散しているのである。

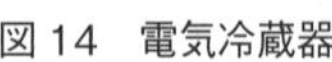

図 14　電気冷蔵器

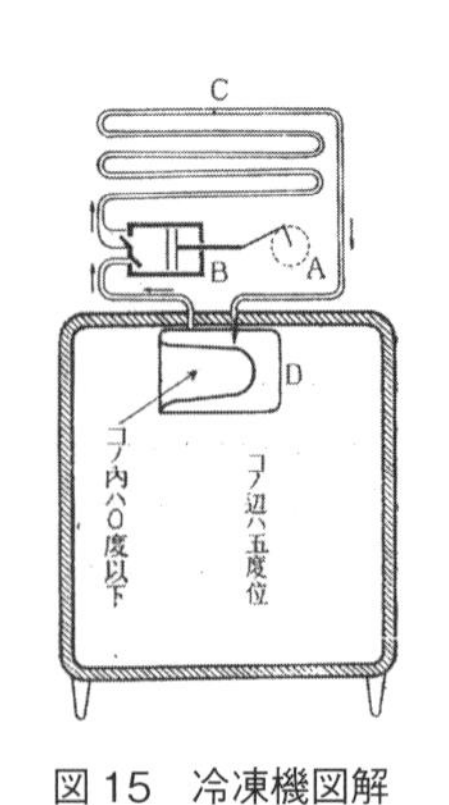

図 15　冷凍機図解

このように冷凍機はガスの潜熱を利用するのでガスが必要である。このガスにはアンモニアや亜硫酸ガスなどいろいろ用いられるが、当時は亜硫酸ガスが最もよいとされていた。

◇冷蔵器の長所

①経費が少ない。②温度が低い。③湿気が少ない。④手数がかからない。⑤氷やアイスクリームができる。

以上のごとく電気冷蔵器は氷冷蔵庫に比べていくつもの長所があるが、販売価格が相当高く、和製のものでも五〇〇円以上するので、なかなか普及しなかった。

ただし大家族や、病院、料理店など、氷代のかさむところでは、結局経済的に安くすむので、この方面に非常に多く用いられた。そして一度この冷蔵器を使ってみると、もうこれなしでは過ごせなくなった。

◇電気冷蔵器の改良

一九三五（昭和十）年に発売された普及型電気冷蔵器は一般家庭用に設計された。

小型で、食料品の貯蔵容量は〇・〇八八立方米、高さ九八〇ミリ、幅五八五ミリ、奥行き五六八ミリ、重量九十キログラムである。したがって、狭い場所にも備え付けることができる。（図16・17）

・圧縮機：首振シリンダー型往復動ポンプ（十分の一馬力モータ）

・入　力：五十／六十（一一〇ワット／一二〇ワット）：
電気料金は月約一円五十銭
・外　箱：鉄板製、純白なエナメル磨仕上げ
・内　箱：白色ホーロー仕上げ：製氷皿（氷塊十個）二枚

さらに、一九三七年に販売された「電気冷蔵庫」の仕組みは次のとおりである。

電気冷蔵庫は、冷凍庫と冷蔵函とから成り、職業用に用いられる非常に大型ものは、冷凍機と冷蔵函を別々に設置することもあるが、小型のものでは冷凍機は冷蔵函の上部または下部に組み合わされて一体となっている。（図18）

【冷凍機】

この冷凍機は冷媒となるガスを圧縮して液化させ、これを蒸発箱の中で気化させると、そのときの気化潜熱のためにその周囲が冷却されることを応用したものである。機械は圧搾ポンプ、これを運転するモータ、ガスを圧縮したときに出る熱の放熱器および蒸発箱とからなり、ほかに特殊の開閉器その他の付随器具がある。

図16　冷蔵器普及型の内部

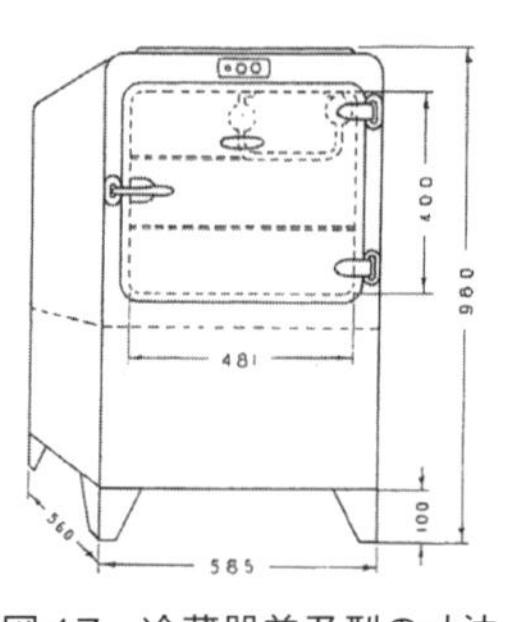

図17　冷蔵器普及型の寸法

図18　電気冷蔵庫

冷媒ガスはいろいろあるが、最も用いられているものはアンモニア、無水亜硫酸、メチルクロライド、エチルクロライド、フレオンまたはそれらの混合ガスである。職業用には主としてアムモニアが多く用いられ、家庭用としては無水亜硫酸が用いられていた。最近はフレオンあるいはエチル、メチルなどのクロライドの混合ガスが使用されるようになった。

これらのガスは、①科学的に安定であること、②人畜に無害なこと、③引火、爆発性がないこと、④金属、潤滑に悪作用しないこと、⑤冷凍効果のよいこと、⑥製造しやすいこと、などの理由で使われている。

〔放熱器〕

放熱器は、ガスの圧縮液化の際出る熱を発散させるもので、普通は管の中にガスを通じて空気中に放置し、またはファンで送風して冷却する。

最近は冷蔵函の壁体の外部に放熱器を取り付けたものもある。

圧縮され放熱したガスは液体となって冷蔵函の上部に設置された蒸発箱内に集まり、周囲から熱を吸収して再び気化する。この時この周囲は温度が低下する。気化したガスは、再び圧搾ポンプに送り返されて同様の道程を繰り返す。

〔貯蔵に適する温度〕

食物の貯蔵に適した温度というものは、食物の種類、貯蔵の期間などによって異なる。家庭用冷蔵庫のような、数日間の貯蔵の場合にも、温度が摂氏十度を超えると、腐敗を起こすことがある。

故に電気冷蔵庫は、摂氏十度以下くらいに、常に冷蔵箱内が冷却されているように、圧搾ポンプは自動的に運転している。また、蒸発箱の周囲は摂氏〇度あるいはそれ以下になるので、この部分で氷は簡単に作ることもできる。

〔氷冷蔵庫との比較〕

電気冷蔵庫は、これまでの氷冷蔵庫に比べて、値段がかなり高いが、一年中使用する職業用のものでは維持費は低く、数年にして電気冷蔵庫の購入費を償却できる。

特長は、①常に低温を保つことができる、②湿気が少ない、③手数がかからない、④電気料金はきわめてわずかである。

●戦後の電気冷蔵庫

戦後、日本経済が潤いはじめ、食生活も豊かになってきたが、電気冷蔵庫の普及はなかなか進まなかった。

一九五八（昭和三十三）年十二月号『科学画報　家庭電化読本』（誠文堂新光社）では「電気冷蔵庫」を以下のように紹介している。

暑い夏の盛りに味わう冷たい氷一杯のジュース、あるいはよく冷えた果物など、それらをいつでも食べることができる電気冷蔵庫。料理や材料の新鮮味を保ち続ける電気冷蔵庫。我々の生活の改善、合理化に役立つ電気冷蔵庫は、もはや贅沢品ではなく、家庭電化に欠かすことのできない商品である。

続いて電気冷蔵庫の優位性や冷える原理、購入時や据え付け時の注意などを解説した。

◇氷冷蔵庫と電気冷蔵庫

氷冷蔵庫と電気冷蔵庫の庫内温度を比較してみる。電気を使わない氷冷蔵庫は、庫内温度が約十度であり、氷の補給を忘れないよう注意がいる。電気冷蔵庫は常に四度である。

電気冷蔵庫は、九十リットルタイプでモータ出力一〇〇ワットであるので、二十四時間使用で平均十円、一ヶ月で三〇〇円である。それに対し、氷冷蔵庫では、一日氷三貫目として一日七十五円、一ヶ月二二五〇円もかかる。電気冷蔵庫は購入時の費用は高いが、三～四年で差額も償却され、その後はどんどん安くつく。

◇電気冷蔵庫の冷える原理

湯を沸かすとき、はじめのうちは、熱するに従い湯の温度は上昇するが、一〇〇度になると沸騰してそれ以上温度は上がらず、湯気が立つばかりである。水は一〇〇度になると沸騰し、後から加えた熱はすべて蒸発のために奪われるからである。また、アルコールを手に塗ると涼しく感じるのは、アルコールが蒸発して気化するとき、人体から熱を奪うためである。このように、液体は蒸発するとき多量の熱を周囲から奪っていく。水は一〇〇度で、アルコールは常温で蒸発する。液体の

種類によって蒸発する温度は異なる。（図19〜21）

〔購入時の注意〕

①外箱に霜が付かないもの、②扉が均一に閉まるもの、③音や振動が少ないもの、④蒸発器に均等に霜の付くもの、⑤家族数を考えて少し大きめの容量を選ぶ。

〔据え付け時の注意〕

①丈夫で水平な床に置く、②湿気を避ける、③熱源から離す、④直射日光を避ける、⑤通風がよいところ、⑥後ろの壁から十センチ離すこと。

〔使用時の注意〕

①ダイヤル・ノッチを上手に使う、②時々霜を取る、③ぎっしり詰め込まない、④熱い食品は冷ましてから、⑤こまめに空拭きの掃除をする。

これらの注意書きが、当時の冷蔵庫の性能レベルを示している。

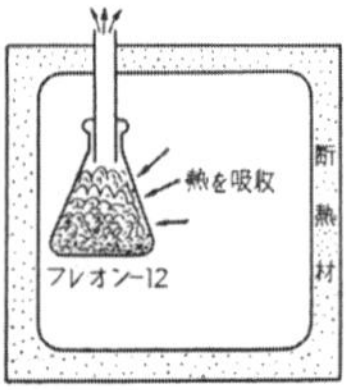

図20　冷蔵庫の冷やし方

図19　冷える原理

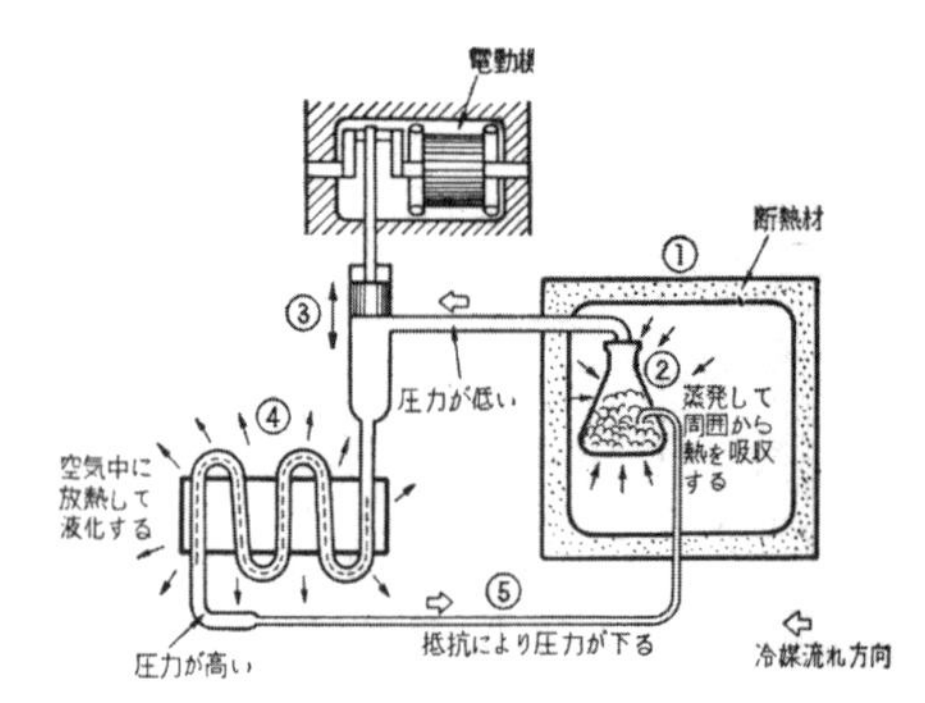

図21　原理図

●戦後の普及状況

戦後は、進駐軍の宿舎用に各種の家電製品の発注があり、電気冷蔵庫については十社が生産した（図22・23）。一九四七（昭和二十二）年三月から納入がはじまり、一九五一年ごろまで続いた。初年度には、一万四四一六台納入されたという記録がある。

一般家庭用は、一九四七年、戦前のモニタートップ型の販売をはじめた。続いて、機械部をキャビネット下部に納めた新機種を発売し好評であった。一九五〇年には、主要各社の生産体制が整いその夏に発売した。その年の生産台数は、五〇〇〇台で、その後は伸びず、一九五四年になって一万七〇〇〇台、一九五五年は三万六〇〇〇台、一九五六年は八万一二〇〇台と伸びていった。（表1）

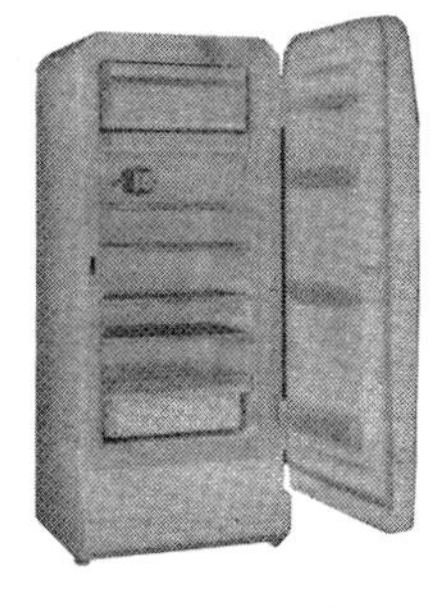

図22　日立冷蔵庫

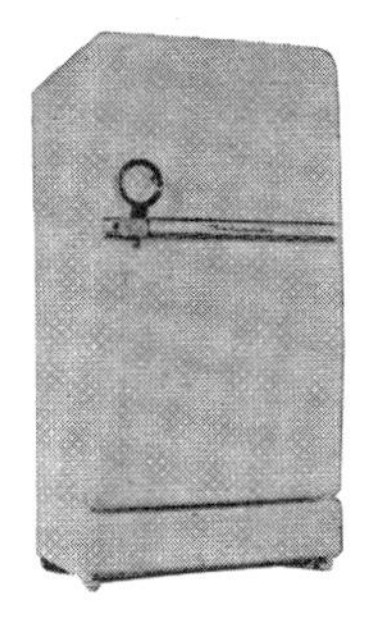

図23　松下冷蔵庫

表1　戦後の電気冷蔵庫の生産台数の推移

年	台　数
1955(昭30)	30 600
1956(昭31)	81 200
1957(昭32)	231 200
1958(昭33)	414 800
1959(昭34)	549 400
1960(昭35)	903 800
1961(昭36)	1 565 200
1962(昭37)	2 671 100
1963(昭38)	3 421 400
1964(昭39)	3 205 100

出典：日本電機工業会

第13章　電気冷房機

エアコンができるまで「冷やす」手段は限られ、夏場に涼をとるには雪や氷などを利用してきた。古代エジプト人は素焼きの多孔質の水甕（みずかめ）に冷水を溜め涼を得ていた。奴隷が水甕の前で、大きな団扇（うちわ）で扇いでいる様子が壁画に残っている。

『日本書紀』には、御代六十二年（西暦三七三年）、冬に雪や氷を蓄えて夏に掘り出して使う氷室により、氷を仁徳（にんとく）天皇に献上したと記載されている。

また、江戸時代には一七七三年の『加賀藩御納戸日記』に、蓄えておいた雪氷を用いて「客殿の冷装」を行なったという記述がある。これが日本の「冷房」のはじまりである。

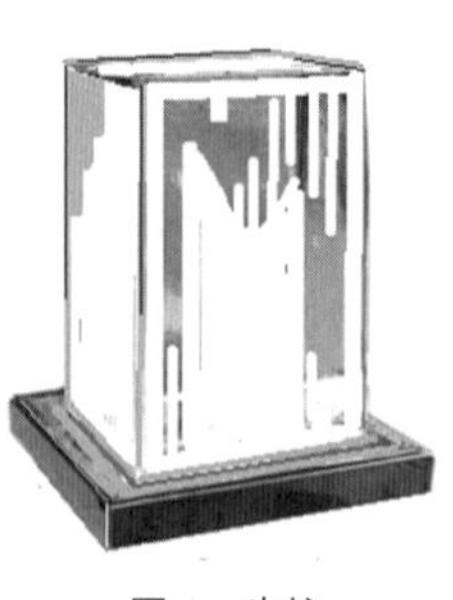

図1　氷柱

現代でも、簡易的に用いられる冷房に「氷柱」がある。まだエアコンが普及しない時期には、料理店や集会所に氷柱を置き、周囲の空気を冷やしたのである。氷柱は、見た目も涼しく効果的であった。（図1）

●空調の原理を発見

人工的に低温を得ることは人類の長年の夢であったが、一七五二年にフランクリン（アメリカ）は、ガラスの棒状温度計の玉をエーテルで湿らした布で覆い、これに風を当てると蒸発を助け、水銀柱の表示は〇℃以下に下がることを発見した。

一八二四年、フランスのカルノーが熱エネルギーから動力を得る理想サイクル（カルノーサイクル）を発表した。空調機は、この逆サイクルを利用している。

一八三四年にアメリカのパーキンスが密閉サイクル製氷機の開発で英国特許をとった。一八五一年にはフランスのカレーがアンモニアを使った冷凍機を設計し、商業的に使用されるようになった。しかし、アンモニアは漏(も)れると毒性があり、しかも可燃性のため、冷凍空調は発展しなかった。

わが国で、冷凍機が「冷房」用としてはじめて使用されたのは一九一七（大正六）年のことである。久原房之助（日立製作所の創業者）が神戸の私邸に炭酸ガス圧縮機（約六四〇〇キロカロリー／時）を取り付け、室内を冷やしたといわれている。

一九三四（昭和九）年には、南満州鉄道の特急「あじあ」号に冷暖房装置が設置されている。「あじあ」号は当時世界で最も速く（最高時速一三〇キロメートル／時）、設備面でも世界一を誇った特急列車であった。真夏には摂氏三十℃以上、冬は零下四十℃にも達する砂塵の多い荒野を走るため、窓はすべて二重ガラスで作られ、世界で最初の全車両空調設備を備えた列車であった。この装置は、機関車からの高圧蒸気を噴射し、これにより発生する真空（超低圧）で冷却器中の水を冷やし、この冷水をポンプで客車に送って夏期の冷房を行い、冬期は冷水の代わりに蒸気を送って温風暖房を行った。

一九三五年、芝浦製作所（現（株）東芝）が日本初のルームクーラーを発売した。このころは、「冷房機」「空気調整機」などと呼ばれていた。値段も三〇〇〇〜四〇〇〇円と高いので一般家庭では使われず、主にごく少数の劇場や事務所、デパート、劇場で普及しつつあり、「冷房装備完備」という文字が目立ちはじめた。

一九三七年七月、芝浦マツダ工業（株）（現（株）東芝）の調査によれば、この時点のルームクーラーの全国普及台数は二九〇台で、そのうち一二六台は東京地区で据え付けられていた。

●エアー・コンディショニング

エアー・コンディショニング（空気調和法、昭和四十年ころから「エアコン」と呼称）は、一九〇二年アメリカ人キャリアにより発明された。

エアコンは、業務用には早くから使用されていたが、家庭での使用はなかなか進まなかった。しかし、エアコンという言葉はわが国でも一般に広がっていた。

一九三五（昭和十）年、宇高義達（東洋キャリア工業（株））は、エアコンの定義を説明している。

「エアー・コンディショニング」という英語は従来いろいろに翻訳されていたが、衛生工業協会で「空気調和法」という訳語を規定した。意味は室内空気温湿度調整。

アメリカのキャリア社の「マヌファクチュアード・ウェザー」（人造気候）という説明がそれを表している。（図2）

空気調和法とは、人体の生理状態に必要十分な室内の温度、湿度、空気の動きと空気の清浄を保つための方法である。したがって、従来の暖房とか、冷房とか、換気とか、その気候に必要な単独の方法とその意味は異なる。むしろ、これらを総合し人体に合うようにすることである。

図2　キャリア小型冷房用冷凍機

●電気冷房機の効能

東京電気（株）の技術者である八木正平は、一九三八（昭和十三）年マツダ新報において、冷房という新技術の効用を喧伝している。

この数年、夏の健康維持のために、冷房機の利用が大切だとの認識が普及してきた。実際、使いはじめた人は大変満足している。冬の暖房機能ももちろん大切だが、空気清浄や湿度調整など含めた空気調整こそ、健康上最も必要とされるものだ。

家庭冷房の目的は、夏季の酷暑と不愉快な外気を、家庭内に春秋二季のような健康温度に再生しようということである。

GE電気冷房装置は、実に冷房器界の驚きであり、かつ永年暖房装置の優勢に比べまったく放置されきた冷房市場に、一条の光明を照らすものである。

ただし、ここで紹介されている商品はGE製であり、まだ日本製は流通していなかった。（図3～5）

●電気冷房機の普及

室内を冷房することは、贅沢ではなくなった。特にわが国のような暑さが激しく、湿気の多い環境において、夏の冷房は非常に有効である。

都市のビルには大型の冷房機が取り付けられるようになり、冷房機のない建物は考えられない。

冷房機は、業務用の大型のものが先行して、次第に小型のもの、さらに

図3　GE床置式冷房機

図4　GE通風管式冷房機

図5　GE凝縮機

非常な勢いで、家庭用が普及していった。

冷房機は、病院、レストラン、喫茶店、和室、洋室など、施設の用途や大きさにより、いろいろな形式がある。（図6）

〔可搬式冷房機〕

八～十畳程度の部屋に適する。単相一〇〇ボルト、簡単なダクトが必要。一馬力程度。（図7）

〔床置式冷房機〕

八～十畳程度の部屋の冷房ができ、リモートコントロールが可能。三相二〇〇ボルト、冷却用に簡単な水道配管が必要。一馬力程度。

〔壁掛け式冷房機〕

病院、会議室、レストランなどに設置。床置式冷房機の三十パーセント増しの能力。一～三馬力。（図8）

〔ダクト式冷房機〕

室内に冷房機を置きたくない場合に、外部または収納できる場所からダクトを引く。三室以上の冷房に使われる。三～二十馬力。

図6　和室への設置

図7　可搬式冷房機

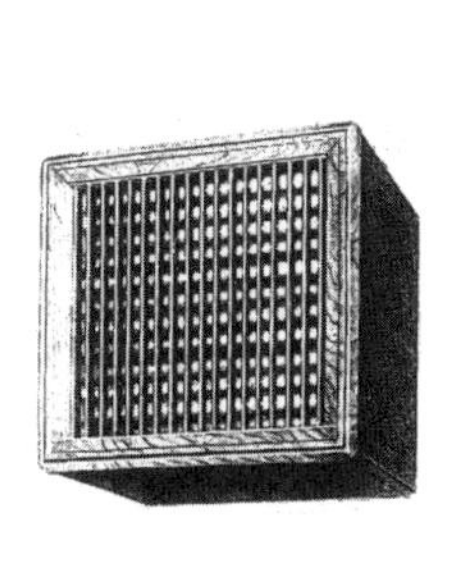
図8　壁掛け式冷房機

●冷房技術の応用

一九四一（昭和十六）年、岡本重郷が「冷凍工業の発達」という論文を発表し、冷房技術の進化とその効果をアピールした。

①冷凍技術により魚や野菜を新鮮なまま輸送できる。
②缶詰材料の不足のときは、冷凍輸送で缶詰の代用ができる。
③冷蔵技術により輸血用血清その他各種のワクチンなどの貯蔵・輸送ができる。
④冷凍技術により米を長期間貯蔵できる。米を保存するには、室温を十度以下に保つ必要がある。
⑤肉、魚、野菜など腐敗する食料品を損失なく貯蔵し、また缶詰の製造、製氷事業などに使用できる。

●戦後のエアコン

一九五二（昭和二十七）年、日立がウインド型ルームクーラーを発売し、本格的な量産をはじめた。当時はまだまだエアコンが普及しておらず、日本電機

表１　戦後のエアコンの生産台数の推移（千台）

年	ウインド型（家庭用）	パッケージ型（業務用）
1956（昭31）	—	—
1957（昭32）	2.4	7.4
1958（昭33）	7.4	7.6
1959（昭34）	16.0	10.5
1960（昭35）	53.6	21.1
1961（昭36）	83.6	33.1
1962（昭37）	66.1	41.0
1963（昭38）	90.1	42.2

出典：日本電機工業会

工業会の調べで、一九五八年の家庭用ウインド型エアコンの生産台数は、わずかに七・四千台であった（表1）。

各社が参入するなか一九五八年、小型空気調和機器の名称は「ルームクーラー」に統一された（図9）。一九六五年ルームエアコンが開発され、「エアコン」ブームと騒がれるようになった。ルームエアコンは、室外空気の温度、湿度に関係なく、年間を通して、室内の温度、湿度を調整し、空気に適度の流れを与え、科学的、人為的に最も好ましい気候を作り出す。夏季には温度を下げ、雨季には湿度を除き、また冬季には温風暖房と、すべて自動的に行なうものである。したがって、夏季でも窓を開ける必要がないので、室外と完全に遮断され、騒音を防ぎ、生活が快適となり、作業の能率も向上した。この時期の家庭用エアコンには、ウインド型（空冷式）と、フロア型（水冷式）の二種類があった。

一九六一年、三菱電機が家庭用で屋外空気を熱源とした空気熱源ヒートポンプエアコンを開発した。今日のヒートポンプエアコンの原型である。

また同年、東芝が開発した室内機と室外機を分離したスプリット型は、昭和三十年代はまだ普及しなかった（図10）。しかし、一九六七年ごろから増えはじめ、後にほとんどの機種がスプリット型となった。

図9　東芝ルームクーラー

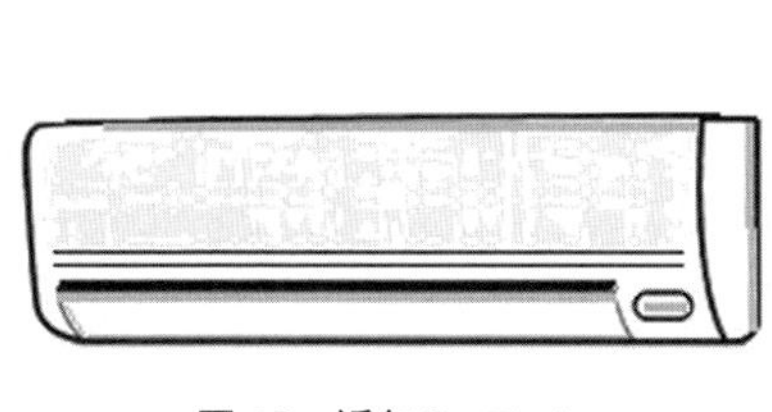
図10　近年のエアコン

おわりに

先に、二〇一〇（平成二十二）年十月、『生活家電入門　発展の歴史としくみ』を上梓した。内容は、現代の主な生活家電製品十四品について、時代をたどって技術進化の歴史を紹介し、技術エポックについて解説したものである。

本書は、前回書けなかった「わが国の家電がいかに生まれ発展したか」を、明治、大正、昭和初期（主に戦前）の家電製品の実態をできるかぎり掘り下げて紹介したものである。

当時は、「量産」とか「販売」と言っても、現在とは比べものにならない規模であるが、新聞、雑誌、展覧会、その他の発表の場を通じて、家電製品の便利さを宣伝（ＰＲ）した。

家電製品は、まだまだ価格が高く手の届かない商品ではあったが、「いずれそのうち便利な商品を使えるときがやってくる」という期待感と、あこがれを植えつけてきた。

紹介してきたように、戦前においても意外に多くの種類の商品が販売されていた。

しかし、実際に商品を買うことができるようになるのは、昭和三十年代になってからであった。

家庭の収入が増え、商品の価格が下がるにつれて、怒涛のごとく普及していった。

明治、大正、昭和初期の家電製品の実態についての記録は非常に少ない。戦争時の消失もあったが、基本的に開発・販売した商品そのものの保管もされた形跡がない。仕様・写真・生産実績なども、ないに等しい。

わが国では、これら家電製品を時系列に、あるいは技術進化別に整備し、保管した機関や施設がなく、開発・製造・販売を進める企業においても十分な保管がされてこなかった。

そこで、少ないながらも情報をできるだけ集めて、明治、大正、昭和初期の家電製品の実態を整理し情報を提供できることになれば・・・との思いでまとめたものである。

本書は骨董マニア向け読本『骨董縁起帳』（春夏号、秋冬号：年二回、（株）光芸出版発行）に「モダニズム・生活家電のはじまり」と題して連載した記事を発展させ、加筆したものである。

わが国の今日の発展につながった家電製品が、どのように進化してきたのか、興味ある方々に資することを願っている。

平成二十八年十月

大西　正幸

参考文献

『芝浦レヴュー』芝浦製作所、一九二二〜一九三六
木津谷栄三郎『家庭の電化に就て』日刊工業新聞社、一九二四
『家庭の電燈、電熱及電力』復興局建築部、一九二四
『マツダ新報』東京電気（株）、一九二七・六〜一九三六・十
家庭電気普及会編『実用 電気便覧』（社）家庭電気普及会、一九二七
家庭電気普及会編『昭和四年増補 電気便覧』（社）家庭電気普及会、一九二九
『電気洗濯機に依る家庭新洗濯法』東京電気（株）、一九三二
「科学画報―電気の驚異」新光社、一九三二・二
『ソーラー電気洗濯機』東京電気（株）、読売新聞、一九三三・六・六
「芝浦電気冷蔵器 取扱指針」芝浦製作所、一九三三
関重広『家庭電気読本』新光社、一九三四
『我社の最近二十年史』東京電気（株）、一九三四
『芝浦製品型録』芝浦製作所、一九三四
『芝浦電気アイロン型録』芝浦製作所
『マツダ通信』東京電気商事（株）、一九三五・六〜一九三六・三

宇高義達『工政』（社）工政会、一九三五
八木正平『マツダ新報』一九三五・八〜一九三八・七
「世界のトップを切る二重螺旋繊條の発明」『マツダ通信』東京電気商事（株）、一九三六・四
「芝浦製品型録」（ＫＳＡ - ８００）芝浦製作所、一九三四
『ソーラー電気掃除機 型録』芝浦マツダ工業（株）
電気普及会編『実用 電気ハンドブック』（社）電気普及会、一九三七
『京都電燈株式会社五十年史』京都電燈（株）、一九三九
「モダン家電」『アサヒグラフ』東京朝日新聞社、一九三七・一・一
『芝浦製作所六十五年史』東京芝浦電気（株）、一九四〇
『東京電気株式会社五十年史』東京電気（株）、一九四〇
岡本重郷『芝浦レヴュー』芝浦製作所、一九四一・三
『東芝レビュー』東京芝浦電気（株）、一九五三
関重広『新しい家庭電気の知識』家政教育社、一九五五
『電気商品No.４』電気商品連盟、一九五七
日本電機工業会編『家庭電器読本』日本電機工業会、一九五七
「科学画報—家庭電化読本」誠文堂新光社、一九五八・十二
山田正吾「台所が電化するまで」『科学朝日』朝日新聞社、一九六一

『日本電機工業史（四）家庭用電気機器』日本電機工業会、一九六二
『日本電球工業史』（社）日本電球工業会、一九六三
『日本照明器具工業史』日本照明器具工業会、一九六七
『わが社二十五年のあゆみ』東芝電気器具（株）、一九七五
『冷凍空調の技術史』（株）東芝、一九七七
須藤貞男「家庭用扇風機の歴史と現状」『ターボ機械』日本工業出版、一九八〇
上山明博『プロパテントウォーズ―国際特許戦争の舞台』文春新書、二〇〇〇
『電球バルブ一〇〇年』東芝硝友会、二〇〇三
『東芝一号機ものがたり』（株）東芝、二〇〇五
志村幸雄『誰が本当の発明者か』講談社、二〇〇六
スティーブン・ヴァン・ダルケン著・松浦俊輔訳『アメリカ発明史』青土社、二〇〇六
大西正幸『電気釜でおいしいご飯を炊けるまで』技報堂出版、二〇〇六
大西正幸『電気洗濯機一〇〇年の歴史』技報堂出版、二〇〇八
「照明器具／ランプ」電波新聞、二〇〇九・二・二十四
大西正幸「モダニズム・生活家電のはじまり」『骨董縁起帳』光芸出版、二〇〇九〜二〇一六
大西正幸『生活家電入門』技報堂出版、二〇一〇

著者紹介

大西 正幸（おおにし・まさゆき）

道具学会 理事。生活家電研究家。博士（工学）。
一九四〇年 兵庫県生まれ
一九六二年 姫路工業大学（現 兵庫県立大学）（機械工学科）卒業後、（株）東芝入社、
家電事業部門の技師長
二〇〇〇年 （有）テクノライフ設立、商品企画・開発手法の研修、講演
二〇〇三年 東京都立工業高等専門学校（設計工学）講師
二〇〇四年 新潟大学大学院（自然科学研究科）博士後期課程修了
二〇一〇年 国立科学博物館 産業技術史資料情報センター 主任調査員
著書に『電気釜でおいしいご飯が炊けるまで』（技報堂出版、二〇〇六）、
『電気洗濯機一〇〇年の歴史』（技報堂出版、二〇〇八）、
『生活家電入門』（技報堂出版、二〇一〇）。
雑誌・新聞に記事などを執筆。講演活動。テレビ出演（ＮＨＫ・民放）。
ma-ohnishi@nifty.com

にっぽん　家電のはじまり

定価はカバーに表示してあります。

2016年 11月15日 1版1刷発行　　ISBN978-4-7655-4481-8 C0053

著　者　大西正幸
発行者　長　滋彦
発行所　技報堂出版株式会社
〒101-0051　東京都千代田区神田神保町 1-2-5
電　話　営　業（03）（5217）0885
　　　　編　集（03）（5217）0881
　　　　ＦＡＸ（03）（5217）0886
振替口座　00140-4-10
http://gihodobooks.jp/

日本書籍出版協会会員
自然科学書協会会員
土木・建築書協会会員

Printed in Japan

装丁：田中邦直　　印刷・製本：愛甲社